FORSCHUNGSBERICHTE DES WIRTSCHAFTS- UND VERKEHRSMINISTERIUMS NORDRHEIN-WESTFALEN

Herausgegeben von Staatssekretär Prof. Leo Brandt

Nr. 75

Max-Planck-Institut für Eisenforschung, Düsseldorf

Zeit-Temperatur-Umwandlungs-Schaubilder als Grundlage der Wärmebehandlung der Stähle

Als Manuskript gedruckt

SPRINGER FACHMEDIEN WIESBADEN GMBH

1954

ISBN 978-3-663-12786-4 ISBN 978-3-663-14255-3 (eBook)
DOI 10.1007/978-3-663-14255-3

G l i e d e r u n g

V o r w o r t

Die klassische Metallkunde hat die Grundlagen für die Beschreibung der Zustandsformen von Legierungen in den Gleichgewichtsschaubildern gegeben. Diese Zustandsschaubilder haben auch grundlegende Bedeutung für die Auswahl der Legierungselemente und der Ausgangstemperatur von Wärmebehandlungsvorgängen technischer Eisenlegierungen. Sie können aber im allgemeinen nicht mehr die Zustände beschreiben, in denen die Stähle nach Durchführung der meisten Wärmebehandlungen vorliegen. Ausgangspunkt für diese Wärmebehandlungen ist zwar auch der Gleichgewichtszustand der -Phase. Der Zerfall dieser Phase erfolgt aber nicht nach dem Gleichgewicht, sondern aus unterkühlten Zuständen.

Für die Beschreibung derartiger Umwandlungsvorgänge sind Zeit-Temperatur-Umwandlungs-Schaubilder heute allgemein eingeführt sowohl für isothermische als auch für kontinuierliche Versuchsführung. Die vorliegende Untersuchung setzt sich zum Ziel, die Möglichkeiten einer Anwendung dieser Schaubilder, insbesondere des ZTU-Schaubildes für kontinuierliche Abkühlung, auf praktische Fragen der Wärmebehandlung darzustellen. Für die in Deutschland gebräuchlichsten Einsatz- und Vergütungsstähle sind solche Schaubilder aufgestellt und in einem "Atlas zur Wärmebehandlung der Stähle" zusammengestellt worden. Dieser wird zur Zeit für den Druck vorbereitet. Es soll damit die Möglichkeit gegeben werden, die praktischen Wärmebehandlungsverfahren mit größerer Sicherheit und Wirtschaftlichkeit durchzuführen und neue Verfahren aufzufinden und anzuwenden.

Die Untersuchungen wurden zu einem wesentlichen Teil mit Unterstützung des Wirtschaftsministeriums des Landes Nordrhein-Westfalen durchgeführt, dem wir unseren besonderen Dank auch an dieser Stelle zum Ausdruck bringen möchten. Ebenso sind wir dem Verein deutscher Eisenhüttenleute und vielen Werken der stahlerzeugenden Industrie zu Dank verpflichtet.

Der Inhalt der vorliegenden Zusammenstellung ist zu einem Teil bereits veröffentlicht in einer Arbeit von A. ROSE und W. STRASSBURG im "Archiv für das Eisenhüttenwesen" Band 24 (1953), Heft 11/12, S. 505/14. Ein weiterer Teil von den Verfassern F. WEVER und A. ROSE wird in Kürze in der Zeitschrift "Stahl und Eisen" erscheinen. Die hier wiedergegebenen Abbildungen sind diesen Arbeiten entnommen.

Gleichgewichtsdiagramm und Zeit-Temperatur-Umwandlungs-Schaubilder

Der Polymorphismus und die unterschiedliche Lösungsfähigkeit der einzelnen Modifikationen machen das Eisen und seine Legierungen zu einem der aufschlußreichsten Beispiele für die Konstitutionsforschung. Die Grundlagen für die Darstellung der Phasengrenzen in einem Temperatur-Konzentrations-Schaubild wurden durch die klassische Metallkunde mit einem außerordentlich geringen Aufwand an Geräten, mit dem Thermoelement, dem Dilatometer und dem Mikroskop geschaffen[1]. Es schien damit die Möglichkeit gegeben, alle Zustandsformen von Zwei- und Mehrstofflegierungen in Zustandsschaubildern zu beschreiben.

Das Wort Zustandsschaubild kennzeichnet, daß sich das Bild auf eine statische Beschreibung beschränken will, das heißt, der Zeiteinfluß wird zunächst bewußt ausgeschaltet.

Für jeden, der sich mit Gleichgewichtsschaubildern beschäftigt, ist schon seit langem klar, daß bei einer Erörterung der Lage bestimmter Phasengrenzen die Genauigkeit der Bestimmung nicht gegen zwei grundsätzliche Einwände gesichert war; einmal, daß bei keinem der zugrunde liegenden Versuche die Einflußgröße "Zeit" wirklich ausgeschaltet war, so daß die Gleichgewichtseinstellungen nur immer angenähert erreicht worden sind, und zum anderen, daß die dem Legierungssystem zugrunde liegenden Elemente nur in beschränkter Reinheit zur Verfügung gestanden haben. Diese Einwände prägen sich darin aus, daß die bereits untersuchten Legierungssysteme einer immer erneuten Überprüfung unterzogen werden und einer dauernden Änderung in den festgelegten Phasengrenzen unterworfen sind. Daraus ergibt sich die Aufgabe, sowohl mit den heutigen sehr differenzierten Regelverfahren für Zeit und Temperatur möglichst nahe an die Gleichgewichtseinstellung heranzukommen als auch durch eine Steigerung des Reinheitsgrades der Ausgangselemente die schwerwiegenden Einflüsse kleiner Beimengungen kennenzulernen und sie auszuschalten[2].

Zur Erfassung der Einflußgröße "Zeit" sind in neuerer Zeit sogenannte Zeit-Temperatur-Umwandlungs-Schaubilder entwickelt worden, die jeweils nur für eine bestimmte Legierungszusammensetzung gelten[3].

Wir haben heute zwei Arten von Umwandlungsschaubildern zu unterscheiden, das <u>isothermische Zeit-Temperatur-Umwandlungs-Schaubild</u> und das <u>Zeit-</u>

Temperatur-Umwandlungs-Schaubild für kontinuierliche Abkühlung. Das isothermische Schaubild kommt so zustande, daß Stahlproben von Härtetemperatur, d.h. aus dem Temperaturgebiet des homogenen Austenits, meist 50°C über Ac_3, möglichst schnell auf eine Haltetemperatur unterhalb des Perlitpunktes abgeschreckt werden. Bei der Haltetemperatur werden sie solange gehalten, bis die Umwandlung vollständig abgelaufen ist, dabei werden Beginn und Ende der Umwandlung mit irgendeinem geeigneten Verfahren, z.B. dilatometrisch, magnetometrisch oder metallographisch, bestimmt. Veränderlicher Parameter ist also die Haltetemperatur; die Auswertung einer Versuchsreihe mit verschiedenen Haltetemperaturen ergibt die Kurven für Beginn und Ende der Umwandlung. In Abbildung 1 bezeichnet A das Gebiet des nicht umgewandelten Austenits, F den Bereich der Ferritbildung, P den der Perlitbildung, Zw den der Zwischenstufengefügebildung und M den der Martensitbildung.

Es wird in zahlreichen Veröffentlichungen[4] darauf hingewiesen, daß die praktische Anwendung dieser Schaubilder auf solche Wärmebehandlungsvorgänge beschränkt bleiben muß, die den bei der Aufstellung der Schaubilder angewendeten entsprechen. Trotzdem werden in einigen Fällen reale Abkühlungskurven mit kontinuierlichem Zeit-Temperatur-Verlauf in isothermischen ZTU-Bildern zur Erläuterung der Anwendungsmöglichkeiten dieser Schaubilder auf technische Vorgänge dargestellt[5,6]. Dabei wird unterstellt, daß der Abkühlungsvorgang die Bereiche des isothermischen ZTU-Bildes tatsächlich durchläuft und die den Bereichen entsprechenden Gefüge gebildet werden. Die Umwandlungsbereiche gelten aber nach ihrer Temperatur- und Zeitlage nur für den isothermischen Vorgang: Schnelles Abschrecken von Austenitisierungstemperatur auf die jeweilige Umwandlungstemperatur und nachfolgendes Halten bei dieser Temperatur.

Diese Voraussetzungen sind bei technischen Wärmebehandlungsvorgängen nur in den Fällen des isothermischen Perlitglühens, der Zwischenstufenvergütung und der Warmbadhärtung hinreichend erfüllt. Bei allen anderen Härtungsvorgängen erfolgt die Abkühlung stetig, und zwar in erster Näherung nach einer e-Funktion. Sollen für derartige Vorgänge Aussagen über die bei der Abkühlung durchlaufenen Umwandlungen gemacht werden, so ist erforderlich, ein Umwandlungsschaubild für kontinuierliche Abkühlung zu ermitteln.

5o Cr V4

% C	% Si	% Mn	% P	% S	% Cr	% Cu	% Ni	% V	Erschmel-zungs - Art	Korngröße (ASTM) Mc Quaid-Ehn
o,43	o,41	o,82	o,o41	o,o15	1,22	o,14	o,o4	o,11	b.S.-M.	4

Abschrecktemperatur = 88o °C

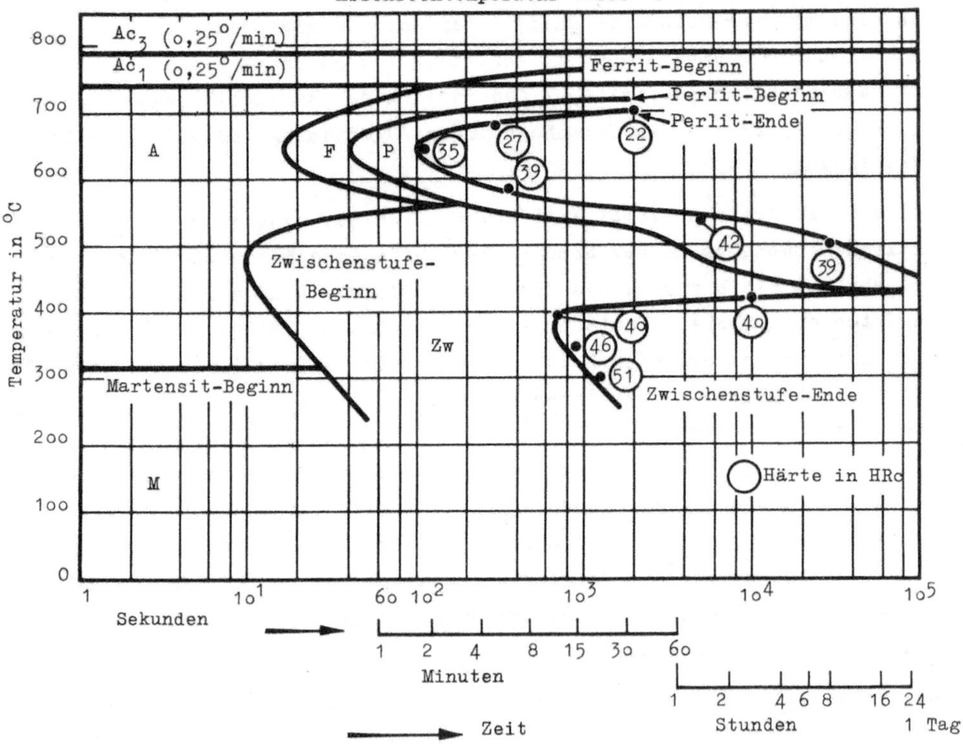

A b b i l d u n g 1

Isothermisches Zeit-Temperatur-Umwandlungs-Schaubild des Vergütungsstahles 5o CrV 4

Bez.	% C	% Si	% Mn	% P	% S	% Cr	% Ni	% Cu	% V	Erschmelzungs-art	Korngröße (ASTM) Mc Quaid-Ehn
1	o,43	o,41	o,82	o,o41	o,o15	1,22	o,o4	o,14	o,11	b.S.-M.	4

Abschrecktemperatur = 88o°C

Abschreckkorngröße (ASTM) = 1o - 11

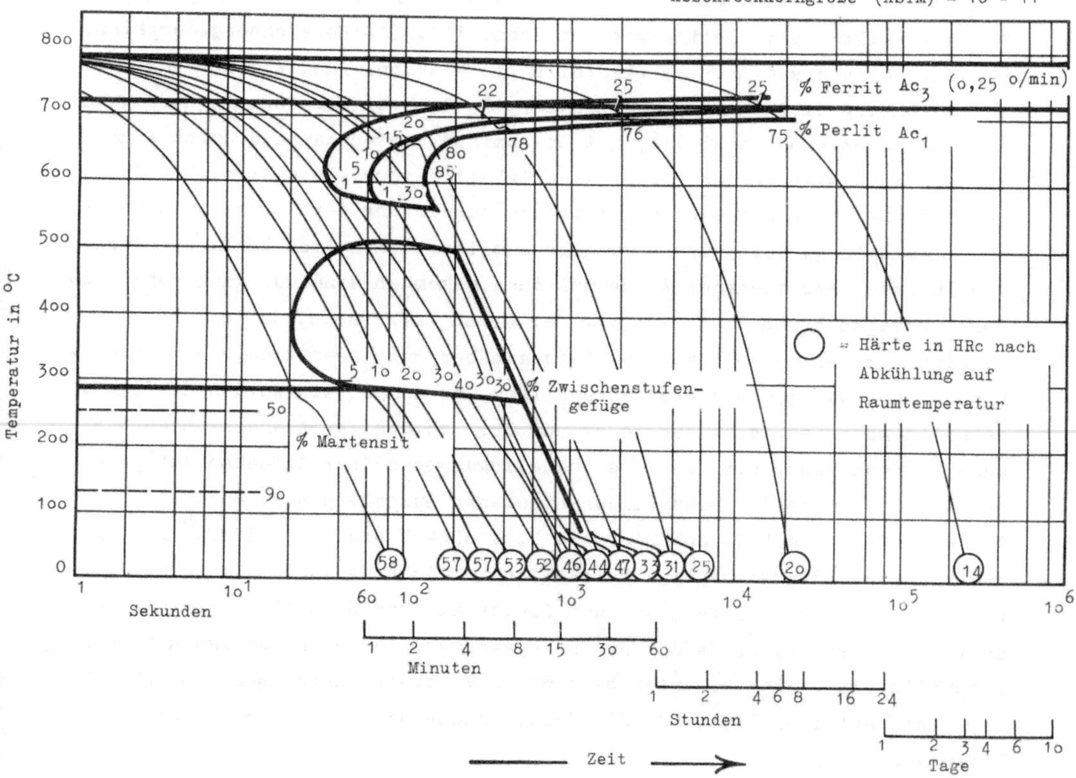

A b b i l d u n g 2

Zeit-Temperatur-Umwandlungs-Schaubild für kontinuierliche Abkühlung des Vergütungsstahles 50 CrV 4

Das Schaubild für kontinuierliche Abkühlung (Abb. 2) wird in der Weise aufgenommen, daß die Proben kontinuierlich, im allgemeinen nach dem Newtonschen Gesetz, von Härtetemperatur auf Raumtemperatur abgekühlt werden; dabei werden ebenfalls Beginn und Ende der Umwandlungen mit geeigneten Verfahren bestimmt und in einem Zeit-Temperatur-Schaubild eingetragen. Veränderlicher Parameter ist also im kontinuierlichen Diagramm die Abkühlungsgeschwindigkeit. Die Koordinaten sind die gleichen und in gleicher Weise geteilt wie im isothermischen Schaubild. Die Bezeichnung der einzelnen Umwandlungsbereiche ist ebenfalls die gleiche. Da die Größe der bei der Abkühlung durchlaufenen Bereiche F, P, Zw kein Maß für die dort gebildeten Gefügemengen darstellt, ist das Umwandlungs-Schaubild durch Angabe der Prozentzahlen in den Feldern nachträglich vervollständigt. Die Angaben beziehen sich auf eine quantitative Auswertung der Gefüge nach beendeter Abkühlung. Beide Umwandlungsschaubilder sehen sich ähnlich, obwohl sie in ganz verschiedener Weise zustande gekommen sind und ganz verschiedene Aussagen beinhalten. Das mag der Grund dafür sein, daß sie häufig miteinander verwechselt werden. Demgegenüber muß immer wieder hervorgehoben werden, daß jedes dieser Schaubilder nur so gelesen werden darf, wie es entstanden ist, d.h. daß jedes nur über solche Wärmebehandlungen Aussagen machen kann, die den Versuchsbedingungen seiner Aufnahme entsprechen. Zwischen beiden Schaubildern bestehen Zusammenhänge. So haben W.J. PUMPHREY und F.W. JONES[7] sowie R.A. GRANGE und J.M. KIEFER[8] gezeigt, daß sich Umwandlungsvorgänge bei kontinuierlicher Abkühlung in einem gewissen beschränkten Umfang aus dem isothermischen Schaubild ableiten lassen; umgekehrt hat O. KRISEMENT[9] nachgewiesen, daß sich das isothermische Schaubild eines Stahles unter bestimmten Voraussetzungen aus dem kontinuierlichen ableiten läßt. Für die Praxis haben diese Ansätze bisher keine Bedeutung erlangt.

Anwendungsmöglichkeiten des isothermischen Zeit-Temperatur-Umwandlungs-Schaubildes

An Hand einiger Beispiele soll zunächst die Anwendung des isothermischen Zustandsschaubildes erläutert werden. Nach den einleitenden Bemerkungen ist eine solche Anwendung gegeben, wo ein austenitisches Ausgangsgefüge isothermisch umgewandelt wird. Das ist auch dann der Fall, wenn die Abkühlung auf Haltetemperatur nicht unendlich schnell ist, sondern nur im

Vergleich zur Umwandlungsgeschwindigkeit mit ausreichend großer Geschwindigkeit erfolgt. Die Temperaturänderung während der Haltezeit soll so gering sein, daß die Temperaturabhängigkeit der Umwandlungsgeschwindigkeit noch keine Bedeutung gewinnt. Wärmebehandlungen dieser Art sind das Perlitglühen, einige Anwendungen der Zwischenstufenumwandlung und die Warmbadhärtung.

Das isothermische Glühen auf Perlit

Das isothermische Glühen auf Perlit (Abb. 3) wird in den Fällen angewendet, wo ein einheitliches perlitisches Gefüge mit gleichmäßiger Verteilung des Karbides in möglichst kurzen Glühzeiten erzielt werden soll. Diese Wärmebehandlung wird notwendig bei bestimmten Stahlsorten zur Erzielung guter Bearbeitbarkeit und gleichmäßiger Festigkeitseigenschaften über große Querschnitte, insbesondere bei Stählen für schwere Schmiedestücke. Der Temperaturbereich der Perlitbildung in der Nähe des Umwandlungshöchstwertes ist bei den Stählen, wie sie für diesen Verwendungszweck bevorzugt werden, meist so eng, daß nur die genaue Einhaltung der Temperatur kürzester Anlaufzeit, wie sie durch das isothermische Umwandlungsschaubild gegeben wird, zu tragbaren Glühzeiten führt und jede Abweichung von dieser Temperatur sogleich eine wesentliche Verlängerung der erforderlichen Glühzeiten bedingt. Bei vielen legierten Stählen führt allein eine isothermische Glühung auf Perlit bei der Temperatur der kürzesten Anlaufzeit zu brauchbaren Festigkeitseigenschaften. Bei kontinuierlicher Abkühlung werden derart kleine Abkühlungsgeschwindigkeiten notwendig, daß sich unerwünschte Entmischungen, die zur Ausbildung von Zeilengefüge führen, einstellen können.

Isothermische Umwandlung in der Zwischenstufe

Bei den eben besprochenen Stählen für schwere Schmiedestücke kann die vollständige Umwandlung in Perlit trotzdem noch so lange Glühzeiten erfordern, daß es von Vorteil sein kann, die Umwandlung in die Zwischenstufe zu verlegen, wo sie sehr häufig wie auch im vorliegenden Fall schneller erfolgt (Abb. 3). Die Einformung der Karbide zu einem perlitartigen Zustand kann durch eine nachträgliche Anlaßglühung im Perlitbereich erzielt werden. Zu den Glühbehandlungen dieser Art gehört ein in den USA bei großen Schmiedestücken für hohe Beanspruchungen angewendetes Verfahren zur Beseitigung des gelösten Wasserstoffs. Ausgehend von der berechtigten Annahme, daß die Wasserstofflöslichkeit im α-Mischkristall geringer und die

Chemische Zusammensetzung	C	Si	Mn	P	S	Cr	Cu	Mo	Ni	V
	o,3o	o,24	o,46	o,o3o	o,o25	1,44	o,2o	o,37	2,o6	<o,o1

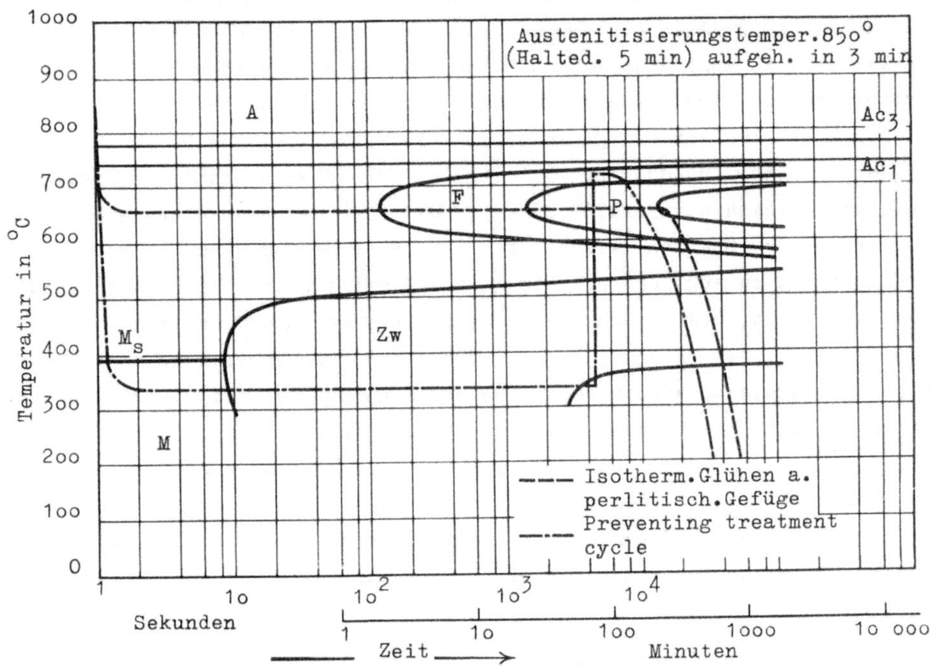

A b b i l d u n g 3

Isothermische Wärmebehandlungsvorgänge am Stahl 28 NiCrMo 7

Diffusionsfähigkeit größer ist als im γ-Mischkristall, wird zunächst eine möglichst schnelle und vollständige Umwandlung des Austenits angestrebt und danach bei möglichst hoher Diffusionstemperatur nachgeglüht. Die Durchführung dieses "preventing treatment cycle" geschieht in der Weise, daß die Umwandlung isothermisch in der Zwischenstufe vorgenommen und anschließend bei hohen Temperaturen in der Perlitstufe geglüht wird. Bei dem in Abbildung 3 dargestellten Stahl 28 NiCrMo 7 würde bei einer derartigen Wärmebehandlung, wie der strichpunktierte Verlauf zeigt, noch ein Teil Martensit gebildet. Bei höher kohlenstoffhaltigen Stählen würde dies nicht mehr eintreten.

Es ist bekannt, daß eine Umwandlung in der Zwischenstufe zu Gefügen führen kann, die nicht nur äußerlich große Ähnlichkeit mit Vergütungsgefügen haben, sondern diesen auch in den Festigkeitseigenschaften ähnlich sind. Daher sollte eine isothermische Umwandlung in der Zwischenstufe überall da Erfolg versprechen, wo die Nachteile einer Umwandlung über den Martensit - Abkühlungs- und Umwandlungs-Spannungen - vermieden werden müssen. Der Vorteil der Zwischenstufenwandlung in Bezug auf die Verzugs- und Rißgefahr bei spannungsempfindlichen Stählen beruht nicht allein auf der um 200° höheren Umwandlungstemperatur, die noch in einem Bereich guter Verformbarkeit liegt, sondern vor allem auch in der kleineren Volumenänderung bei der Umwandlung selbst.

Die Feststellungen über eine Erhöhung der Standzeit von wolframarmen Schnelldrehstählen[10,11] nach Umwandlung in der Zwischenstufe werden zur Zeit im Rahmen einer Gemeinschaftsuntersuchung mit dem Unterausschuß für Werkzeugstähle des VDEh nachgeprüft.

In manchen Fällen kann auch die Einsparung der Anlaßbehandlung zur Vergütung eine ins Gewicht fallende energiewirtschaftliche Ersparnis zugunsten der Zwischenstufenumwandlung bedeuten.

Eine besondere Bedeutung gewinnt die isothermische Zwischenstufenumwandlung neuerdings bei der Wärmebehandlung von Gußeisen. Nach den hierzu vorliegenden vielversprechenden ersten Versuchen[12] läßt sich bei Gußeisen die Festigkeit und Zähigkeit durch eine isothermische Umwandlung in der Zwischenstufe ganz wesentlich verbessern, vorausgesetzt, daß die Graphitausbildung, die durch eine derartige Wärmebehandlung nicht verändert wird, eine Vergütung überhaupt sinnvoll erscheinen läßt.

Warmbadhärtung

Die Warmbadhärtung nutzt eine Eigenart des Umwandlungsverhaltens vieler Stähle aus, die sich darin ausprägt, daß bei diesen unterhalb der Zwischenstufe bis zum Martensitpunkt ein Bereich hoher Umwandlungsträgheit liegt. Daraus ergibt sich die Möglichkeit, diese Stähle bei einer Temperatur dicht oberhalb des Martensitpunktes abzufangen (Abb. 4) und dort so lange ohne Umwandlung zu halten, bis sich Temperaturunterschiede und damit die Wärmespannungen über den Querschnitt von Werkstücken ausgeglichen haben. Die Martensitbildung erfolgt dann beim nachfolgenden Abkühlen im ganzen Werkstück gleichmäßig und gleichzeitig, ohne daß es zur Ausbildung von wesentlichen Abkühlungs- und Umwandlungsspannungen kommen kann. Damit ist dieses Verfahren überall da am Platze, wo eine besondere Härterißgefahr besteht, insbesondere bei höher legierten Bau- und Werkzeugstählen und bei Werkstücken mit großen Querschnittsunterschieden.

Eine im Prinzip ähnliche Wärmebehandlung stellt das Stufenschweißen von legierten Werkzeugstählen[13] dar. Diese oft hochlegierten, kohlenstoffreichen Stähle sind, abgesehen von dabei auftretenden metallurgischen Schwierigkeiten, unter normalen Arbeitsbedingungen nicht schweißbar, weil in der Übergangszone zwischen Schweißgut und Grundwerkstoff während des Schweißens unter den dort gegebenen Abkühlungsverhältnissen Martensit entsteht, der die Ausbildung von Rissen zur Folge hat. Diese Schwierigkeiten können bei solchen Stählen dadurch umgangen werden, daß die Schweißung bei der Temperatur großer Umwandlungsträgheit zwischen Perlit- und Zwischenstufe erfolgt (Abb. 5). Bei der abschließenden Abkühlung auf Raumtemperatur setzt die Martensitbildung dann in Werkstück und Schweiße gleichzeitig ein. In diesem Fall muß der Grundwerkstoff vor der Schweißung auf Härtetemperatur gebracht und bei etwa 500° abgefangen werden.

Es besteht nach dem Vorschlag von NOREN auch die Möglichkeit, ein Schweißgut mit einem Umwandlungsverhalten nach Abbildung 5 auf einen anderen Grundwerkstoff mit beliebigem Umwandlungsverhalten aufzuschweißen. Der Grundwerkstoff wird in diesem Falle nur auf 500° erwärmt und härtet beim Abkühlen nach dem Schweißen nicht. Dieses Verfahren wird als Stufenhärtungsschweißen bezeichnet.

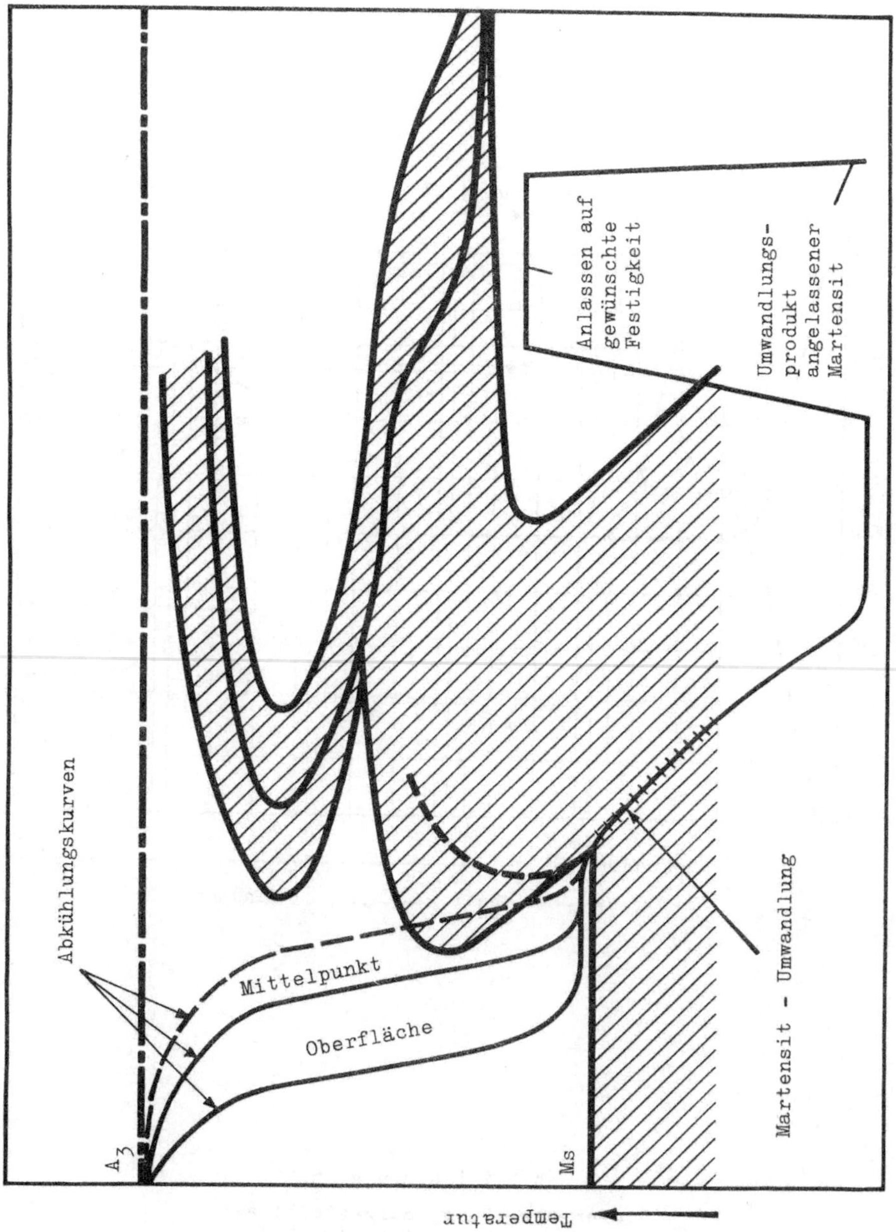

A b b i l d u n g 4
Warmbadhärtung (schematisch)

P = Bereich der Perlitbildung; Zw = Bereich der Zwischenstufen-Gefügebildung; M = Bereich der Martensitbildung

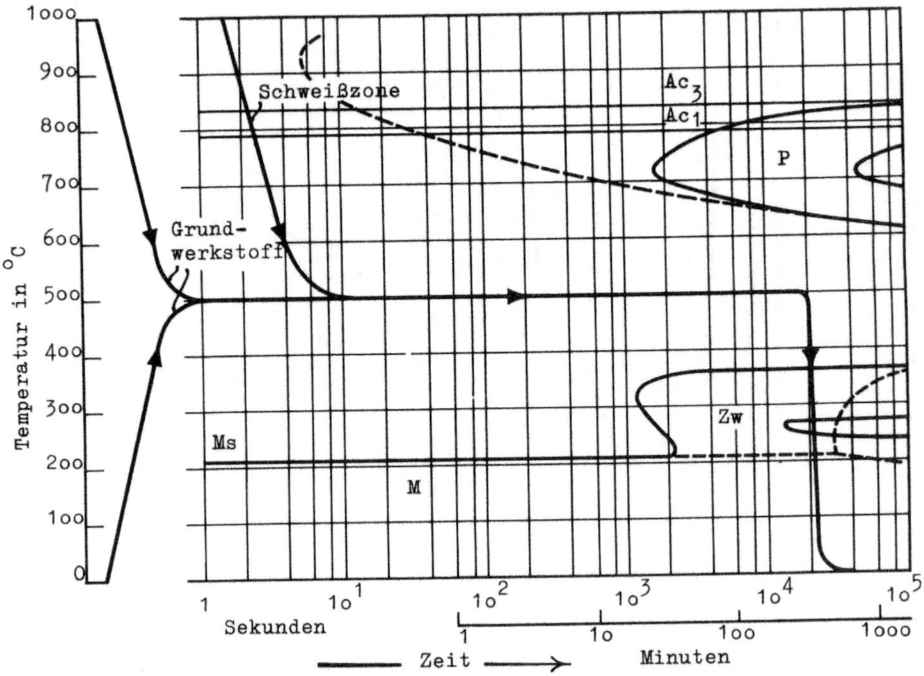

Abbildung 5

Stufenschweißung, dargestellt am Schnellarbeitsstahl ABC III

Anwendungsmöglichkeiten des Umwandlungsschaubildes für k o n t i n u i e r l i c h e Abkühlung

Das kontinuierliche Schaubild beschreibt, wie einleitend erläutert worden war, die Umwandlungsvorgänge, wenn die Abkühlung stetig erfolgt. Seine große Anwendbarkeit beruht darauf, daß die Abkühlung bei den technischen Wärmebehandlungsvorgängen entweder sehr genau dem Newtonschen Gesetz folgt oder diesem in dem entscheidenden Temperaturbereich mit ausreichender Genauigkeit angenähert ist. Es umfaßt, wie die nachfolgenden Beispiele näher erläutern werden, den gesamten Bereich der praktisch vorkommenden Abkühlungsgeschwindigkeiten von den langsamsten Ofenabkühlungen bis zu dem schroffsten Abschrecken beim Härten (Abb. 6).

Kontinuierliche Abkühlung zur Bildung perlitischer Gefüge

Ein wesentlicher Teil der praktisch durchgeführten Wärmebehandlungen hat die Erzeugung ferritisch-perlitischer Gefüge zum Ziel, wie z.B. das Normalglühen, das Grobkornglühen und das Weichglühen. Aussagen über die schnellstmögliche Abkühlung, bei der noch vollständige Umwandlung in ferritisch-perlitische Gefüge erreicht wird, sind dem Schaubild unmittelbar zu entnehmen. Im Beispiel des Stahles 42 MnV 7 (Abb. 6) entspricht der schnellstmögliche Abkühlungsvorgang zur Erzeugung von Ferrit und Perlit einer mittleren Abkühlung mit $20^{\circ}/\mathrm{min}$, wie sie in geeigneten Öfen sehr leicht eingehalten werden kann. Aus dem Umwandlungsschaubild ist auch ersichtlich, daß die Umwandlung bereits bei einer Temperatur von etwa $550^{\circ}\mathrm{C}$ bzw. nach etwa 10 min vollständig ist. Der weitere Abkühlungsverlauf, der bis auf Raumtemperatur etwa 40 min dauern würde, ist auf das Umwandlungsverhalten ohne jeden Einfluß. Hier können alle Zeitverluste dadurch vermieden werden, daß das Stück sofort nach Beendigung der Umwandlung, d.h. im gegebenen Fall bereits nach 10 min, an Luft abgelegt wird. Diese Abkürzung der Wärmebehandlungszeit hat bei langsam umwandelnden Stählen noch wesentlich größere Bedeutung.

Die Änderung der Gefügezusammensetzung und Härte im Bereich der Umwandlungsfelder des Ferrits und Perlits gibt die Möglichkeit, perlitische Gefüge verhältnismäßig hoher Festigkeit durch feine Verteilung der Karbide mit relativ niedrigem Ferritanteil zu erreichen. Nach dem ZTU-Schaubild des Stahles 42 MnV 7 kann durch Steigerung der Abkühlungsgeschwindigkeit die Ferritmenge von 20 % bis auf 10 % herabgesetzt werden. Zur Erzielung

Chemische Zusammensetzung	C	Si	Mn	P	S	Cr	Cu	Mo	Ni	V
	o,43	o,28	1,67	o,o21	o,oo8	o,32	o,o6	o,o3	o,11	o,1o

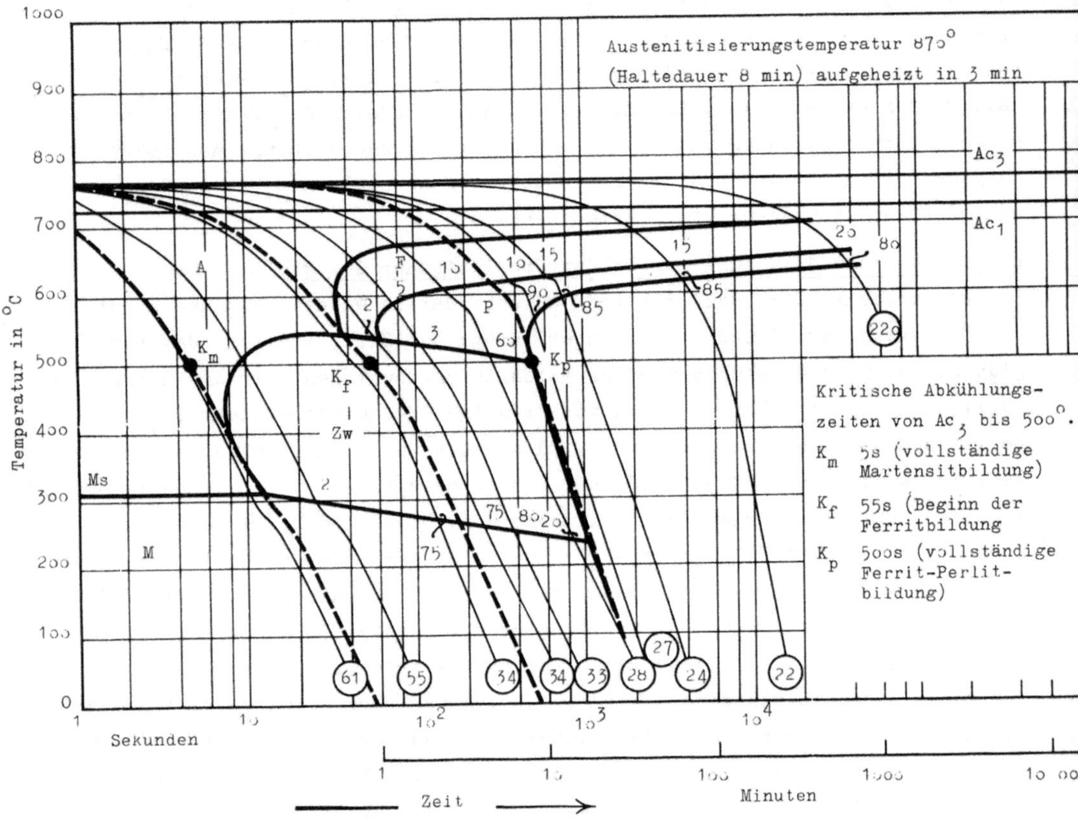

A b b i l d u n g 6

Zeit-Temperatur-Umwandlungs-Schaubild
für kontinuierliche Abkühlung des Stahles 42 MnV 7
mit Kennzeichnung der kritischen Abkühlungsvorgänge

guter Zerspanbarkeit kann ein Gefüge möglichst niedriger Festigkeit mit eingeformten Karbiden erwünscht sein. Die Einformung der Karbide läßt sich in das ZTU-Schaubild eintragen; sie wird bei der langsamsten im Bilde dargestellten Abkühlung, die zu dem Härtewert von 220 HV führt, noch nicht erreicht.

Kontinuierliche Abkühlung zur Ausbildung von Mischgefügen

Die Vorteile einer Zwischenstufenvergütung in den Fällen, wo bei einer Vergütung durch Abschrecken und Anlassen Härterißgefahr besteht und immer dann, wenn eine höhere Kerbzähigkeit erzielt werden soll, sind bereits bei der isothermischen Umwandlung beschrieben worden. Auf die wirtschaftlichen Vorteile einer Umwandlung in der Zwischenstufe gegenüber der Abschreck-Anlaß-Vergütung ist dort ebenfalls hingewiesen worden. Diese Vorteile lassen sich noch vergrößern, wenn es gelingt, durch einen einfachen Wärmebehandlungsvorgang, wie ihn die kontinuierliche Abkühlung mit vorgegebenen Abkühlungsgeschwindigkeiten, z.B. im Ofen oder an der Luft, darstellt, Zwischenstufengefüge mit den gewünschten guten Eigenschaften zu erzeugen. Die größte Menge an Zwischenstufengefüge, die bei dem Stahl 42 MnV 7 nach kontinuierlicher Abkühlung zu erreichen ist, wird nach Abbildung 6 80 % betragen, neben 5 % Ferrit, 3 % Perlit und 12 % Martensit.

Aus allen bisher untersuchten Umwandlungsschaubildern der Vergütungsstähle ist zu ersehen, daß in keinem Fall bei kontinuierlicher Abkühlung reines Zwischenstufengefüge auftritt. Ganz allgemein folgt vielmehr der Zwischenstufenumwandlung stets eine Martensitumwandlung des Restaustenits nach. Andererseits läuft bei Stählen mit mittlerem Kohlenstoffgehalt in weiten Bereichen der Zwischenstufenumwandlung eine unvollständige Ferrit-Perlit-Bildung voraus. Der Anteil des Zwischenstufengefüges ist dabei sehr unterschiedlich, er kann von Spuren bis zu 90 % ansteigen.

Die Möglichkeit einer Vergütung durch eine mehr oder weniger vollständige Umwandlung der Zwischenstufe bei kontinuierlicher Abkühlung wird davon abhängen, ob man Stähle findet, die ein geeignetes Umwandlungsverhalten zeigen. Eine Darstellung der Entwicklung hochfester schweißbarer Baustähle[14] zeigt, daß hier Möglichkeiten bestehen, die in der Praxis bisher noch kaum ausgenutzt wurden.

Abschreckhärten

Für den Vorgang des Abschreckhärtens ist die wichtigste Aussage des Umwandlungsschaubildes für kontinuierliche Abkühlung die Angabe der kritischen Abkühlungsgeschwindigkeit, d.h. derjenigen kleinsten Geschwindigkeit, die gerade noch zu vollständiger Martensitbildung führt. In Abbildung 6 ist dieser Vorgang durch die Abkühlungskurve beschrieben, die gerade noch an der Zwischenstufe vorbeiführt: Es ist das die Abkühlungskurve, die eine Temperatur von 500° nach 5 s erreicht und die zu einem Härtewert von 61 HRc führt. Diese gleiche Abkühlungskurve bzw. eine solche, die zur Bildung von 50 % Martensit führt, bestimmt je nach der zugrundegelegten Definition in allen Querschnitten die Grenze der Einhärtung, vorausgesetzt, daß die Abkühlung nach einem ähnlichen Temperatur-Zeit-Gesetz erfolgt wie die Abkühlungskurven des Schaubildes.

Ermittlung des Abkühlungsverlaufs aus Gefügezusammensetzung und Härte

Bei der Betrachtung über die Grenzen der Anwendbarkeit des isothermischen ZTU-Bildes und bei der Gegenüberstellung mit dem ZTU-Bild für kontinuierliche Abkühlung wurde vorausgesetzt, daß die Abkühlungsvorgänge in Werkstücken nach ihrem Zeit-Temperatur-Verlauf etwa den im kontinuierlichen ZTU-Bild eingetragenen entsprechen. Ebenso wie das isothermische gilt das ZTU-Bild für kontinuierliche Abkühlung nur für die Abkühlungsverhältnisse, unter denen es aufgenommen wurde. Der Abkühlungsverlauf der Proben von 4,5 mm Dmr., wie er mit dem Dilatometer zur Aufstellung des ZTU-Bildes aufgenommen wurde, läßt sich mit hinreichender Genauigkeit durch eine Exponentialfunktion von der Form

$$T = T_{o} \cdot e^{-\alpha t}$$

darstellen. Die Genauigkeit, mit der aus dem ZTU-Bild für kontinuierliche Abkühlung Aussagen über kontinuierliche Wärmebehandlungsvorgänge in bezug auf Gefügezusammensetzung und Härte gemacht werden können, hängt davon ab, wie weit der Abkühlungsverlauf in Werkstücken mit dem oben angegebenen übereinstimmt.

Zur Klärung dieser Frage ist es notwendig, den Abkühlungsverlauf in Werkstücken zu messen und ihn mit dem der Dilatometerproben zu vergleichen. Zur Überprüfung wurden Proben des Stahles 37 MnSi 5 hergestellt. Abbildung 7 zeigt das kontinuierliche ZTU-Bild dieses Stahles. Es wurden zylindrische Proben verschiedenen Durchmessers in verschiedenen Kühlmitteln abgekühlt und der Abkühlungsverlauf an mehreren Stellen des Querschnittes

Bez.	% C	% Si	% Mn	% P	% S	% Cr	% V	Erschmelzungsart	Korngröße (ASTM) Mc Quaid-Ehn
B	0,38	1,05	1,14	0,041	0,019	0,25	0,02	b. S.-M.	4 und 5

Abschrecktemperatur = 860°C

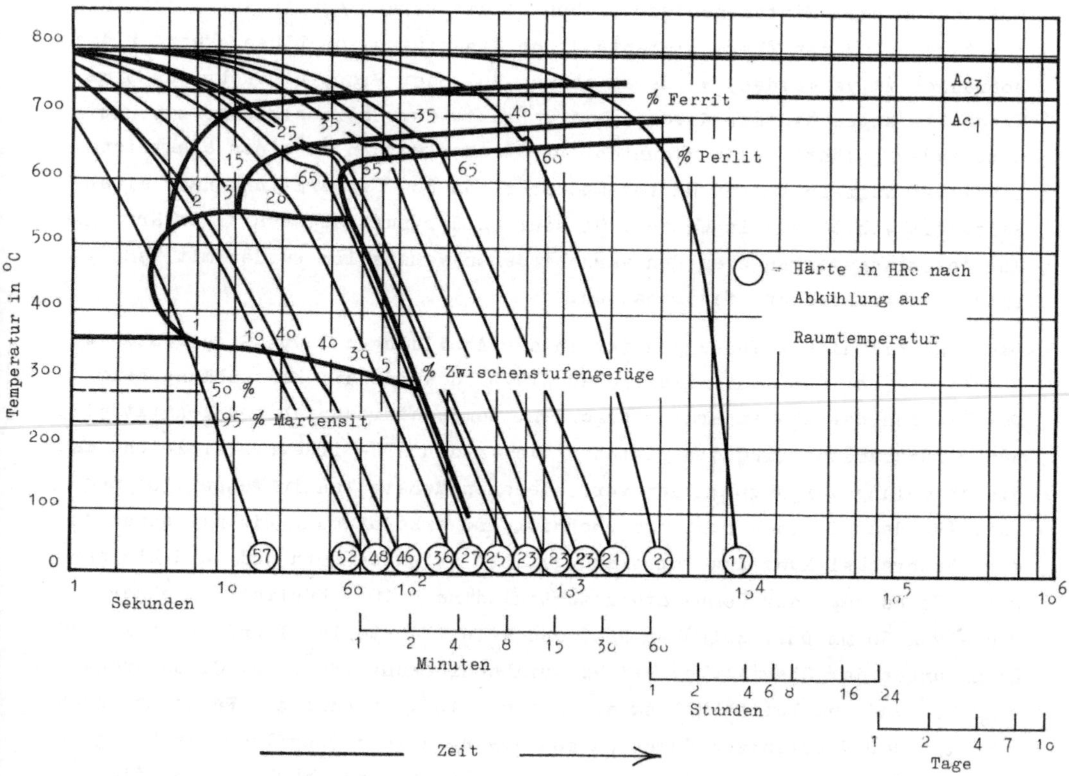

A b b i l d u n g 7

Zeit-Temperatur-Umwandlungs-Schaubild für kontinuierliche Abkühlung des Stahles 37 MnSi 5

thermoelektrisch gemessen (Abb. 8 und 9). Die Probenlänge betrug jeweils das sechsfache des Durchmessers, um in der Probenmitte, wo die Messung erfolgte, eine störende Einwirkung der Abkühlung von den Stirnflächen her genügend klein zu halten. Die Meßstellen der Thermoelemente wurden in der in Abbildung 10 dargestellten Anordnung über den Querschnitt verteilt. Sie wurden in der Höhe gegeneinander versetzt, um gegenseitige Beeinflussungen in radialer Richtung auszuschalten. Der Durchmesser der Bohrungen betrug 5 mm. Die Thermoelemente wurden mit Spänen an den Meßstellen festgelegt. Um beim Eintauchen der Proben in die verschiedenen Kühlmittel einen Kurzschluß der Thermoelemente durch Eindringen von Flüssigkeit in die Bohrungen zu vermeiden, wurde am oberen Ende der Probe ein Rohr von 5 mm Wanddicke angeschweißt, durch das die Drähte der Thermoelemente trocken nach außen geführt werden konnten. Die Proben wurden in einem elektrisch beheizten Muffelofen auf Härtetemperatur von 860° erwärmt und nach einer Haltezeit von 30 min in Wasser, Öl oder an der Luft abgekühlt. Erwärmungs- und Abkühlungsvorgänge an den verschiedenen Meßstellen wurden mit Temperatur-Zeit-Schreibern festgehalten.

Das Ergebnis dieser Messungen ist in den Abbildungen 8 und 9 dargestellt. Ebenso wie bei dem kontinuierlichen ZTU-Bild wurde die Zeitzählung beim Durchlaufen der A_3-Temperatur begonnen. Temperaturmaßstab und logarithmischer Zeitmaßstab sind die gleichen wie in den ZTU-Bildern. Vergleicht man die Abkühlungsvorgänge an den verschiedenen Meßstellen in Wasser, Öl und Luft für den gleichen Probenquerschnitt, so erkennt man, wie mit abnehmender Abschreckwirkung das Temperaturgefälle zwischen Kern und Rand kleiner wird. So beträgt der Temperaturunterschied nach 10 s Kühlzeit in einer Probe vom 50 mm Dmr. zwischen Rand und Kern (Meßstellen I und IV, 5 mm und 25 mm unter der Oberfläche) bei Wasserabschreckung 180°, bei Ölabschrekkung 70° und bei Luftabkühlung weniger als 10°. Im Fall der Wasserabschrekkung ist der Wärmeentzug durch Wärmeübergang an der Oberfläche groß gegenüber der Wärmeleitung im Werkstück, im Falle der Luftabkühlung ist die Wärmeabfuhr durch Wärmeübergang klein gegenüber der Wärmeleitung. Die hier wiedergegebenen Meßergebnisse werden zur Zeit im Rahmen einer Diplomarbeit von D. WILD erweitert auf Querschnitte bis 100 mm Dmr. Der Einfluß der Wärmeleitfähigkeit auf die Allgemeingültigkeit der Abkühlungskurven wird durch Messung an verschiedenen Stahlsorten nachgeprüft.

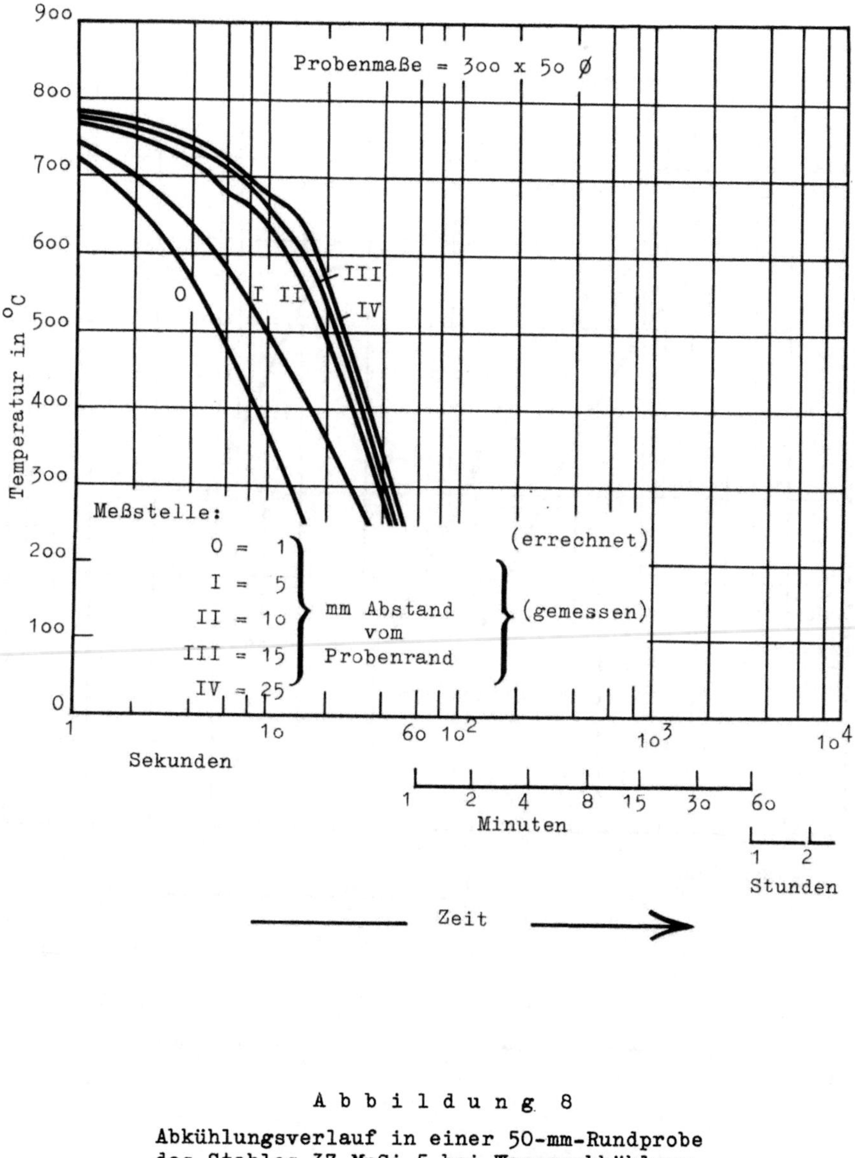

A b b i l d u n g 8

Abkühlungsverlauf in einer 50-mm-Rundprobe des Stahles 37 MnSi 5 bei Wasserabkühlung

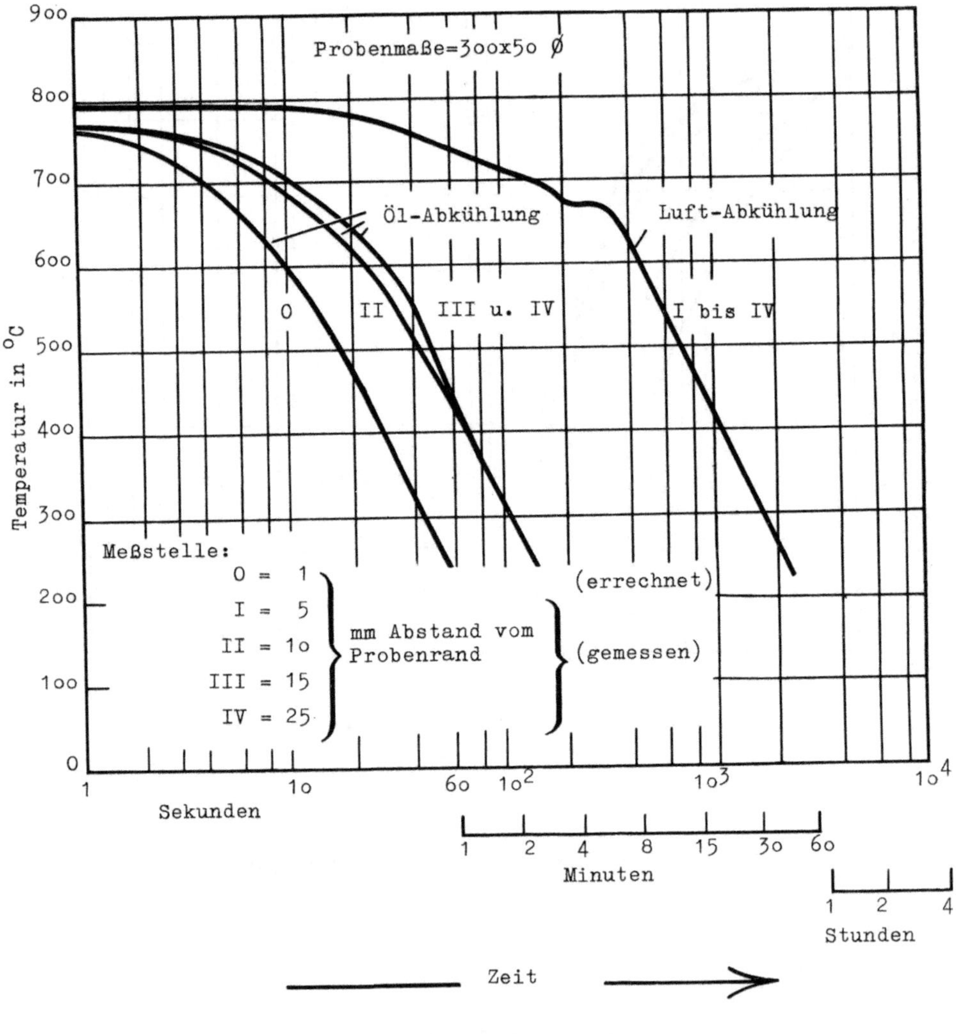

A b b i l d u n g 9

Abkühlungsverlauf in einer 50-mm-Rundprobe des Stahles 37 MnSi 5 bei Öl- und bei Luftabkühlung

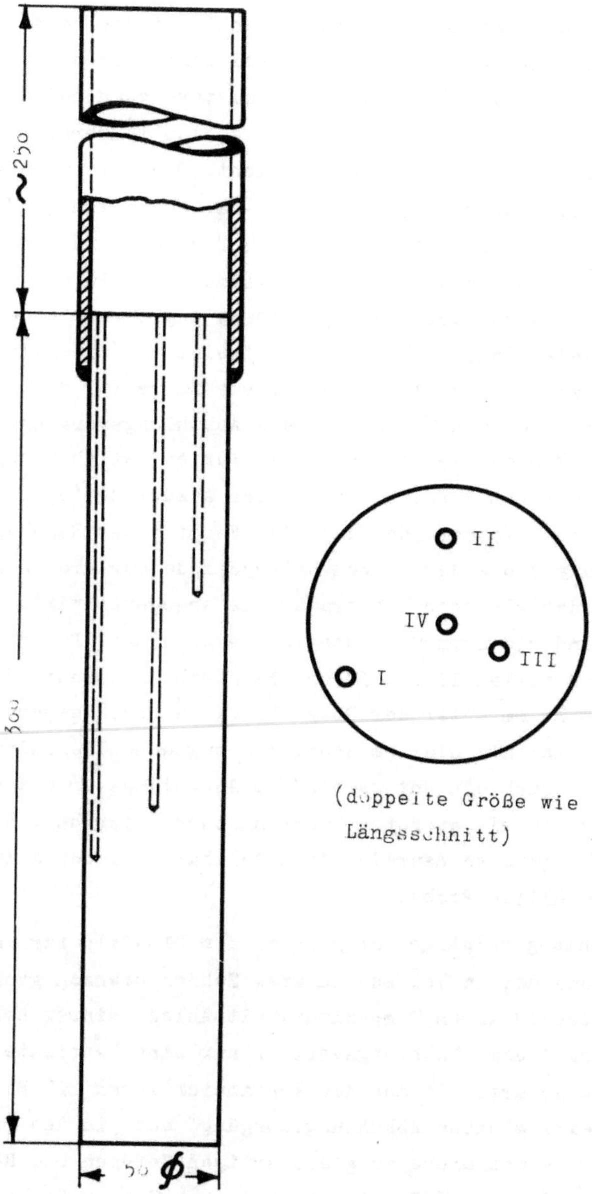

A b b i l d u n g 10
Lage der Meßstellen in der 50-mm-Rundprobe

Die Form der Abkühlungskurven stimmt sowohl bei den schnellsten Vorgängen (Wasserabschreckung, Abb. 8) als auch bei langsameren Vorgängen (Öl- und Luftabkühlung, Abb.9) mit der der Dilatometerproben befriedigend überein. An der Meßstelle I (Abb. 8) wird nach 2 s eine Temperatur von 700°, nach 10 s von 500°, nach 25 s von 300° erreicht. Die entsprechende Dilatometerprobe des ZTU-Bildes, die durch den End-Härtewert von 48 HRc gekennzeichnet ist, erreicht nach etwas weniger als 2 s 700°, nach 8,5 s 500° und nach 22 s 300°. Das bedeutet, daß die Meßstelle I in der Probe von 50 mm Dmr. und 300 mm Länge nahezu den gleichen, angenähert einer Exponentialfunktion folgenden Abkühlungsverlauf aufweist wie die kleine Dilatometerprobe von 4,5 mm Dmr. und 15 mm Länge. Die Kurve für die Luftabkühlung liegt genau zwischen den Kurven für die Abkühlungsvorgänge der Proben mit 21 und 20 HRc. Für den Vergleich beider Kurven ist überzeugend, daß nicht nur die Kurvenform im Bereich ungestörter Abkühlung (d.h. ohne Wärmetönung) ähnlich ist, sondern daß auch der Vorgang der Rekaleszenz durch die Perlitumwandlung trotz der großen Unterschiede der Proben in der gleichen Weise und bei der gleichen Temperatur wiedergegeben wird. Der Abkühlungsverlauf von Rand und Kern unterscheidet sich nicht. Der Verlauf der Abkühlung an den Meßstellen II bis IV bei Wasserabschreckung, d.h. an den Stellen 10, 15 und 25 mm unter der Oberfläche, ist bei Temperaturen unterhalb 550° etwas steiler als die dem Schaubild zugrunde liegenden Abkühlungskurven. Hier macht sich ein Unterschied im Abkühlungsverlauf von Rand- und Kernzone in Proben mit größeren Querschnitten bemerkbar. Das gleiche gilt, wenn auch nicht ganz so deutlich feststellbar, für den Abkühlungsverlauf der in Öl abgekühlten Probe.

Wenn die Abkühlungsvorgänge der kleinen dem ZTU-Bild zugrunde liegenden Einzelproben und der im Volumen um drei Zehnerpotenzen größeren technischen Rundproben in ihrem Temperatur-Zeit-Ablauf hinreichend übereinstimmen und wenn zu jedem Abkühlungsverlauf nur eine bestimmte Gefügeausbildung und Härte gehört, wie aus dem kontinuierlichen ZTU-Bild hervorgeht, so müssen jeweils gleiche Abkühlungsvorgänge auch in den Proben unterschiedlicher Form und Größe zu gleichartigen Gefügen und Härten führen. Der Gefügezustand der auf Raumtemperatur abgekühlten Probe ist ein Integral über alle während der Abkühlung durchlaufenen Umwandlungsvorgänge.

Diese Feststellungen bedeuten aber auch umgekehrt, daß die prozentuale Gefügezusammensetzung in Verbindung mit dem Härtewert ein eindeutiges

Zeugnis des Abkühlungsvorganges darstellt. Es müßte demnach möglich sein, aus der Gefügezusammensetzung und der Härte für eine beliebige Stelle in einem Werkstück beliebiger Form den Zeit-Temperatur-Verlauf der Abkühlung mit hinreichender Genauigkeit zu ermitteln und unterschiedliche Abkühlung an den verschiedenen Stellen des Werkstückes aus den Änderungen der Gefügezusammensetzung und der Härte zu bestimmen.

An Rundproben verschiedenen Durchmessers des Stahles 37 MnSi 5 wurde nachgeprüft, ob ein solcher Schluß zulässig ist; die einzelnen Schritte der Nachprüfung sollen an einem Beispiel gezeigt werden. Eine Probe von 50 mm Dmr. wurde nach Wasserhärtung gebrochen, die Härte über den Querschnitt nach dem Planschleifen der Bruchfläche gemessen und die Gefügezusammensetzung bestimmt. Die Ergebnisse dieser Untersuchungen an den Stellen 5, 10, 15, 20, 25 mm unter der Oberfläche wurden benutzt, um im kontinuierlichen ZTU-Bild zugehörige Abkühlungskurven zu ermitteln. Diese so gefundenen Abkühlungskurven müßten mit den gemessenen (Abb. 8) hinreichend genau übereinstimmen.

In Abbildung 11 ist der Härteverlauf über den Querschnitt der Probe mit 50 mm Dmr. nach Wasserhärtung dargestellt; die Meßstellen I bis IV sind hervorgehoben. In der Tafel unter dem Schaubild sind für diese Meßstellen Härte und Gefügezusammensetzung angegeben. Die Abkühlungskurve in Abbildung 7, die dem Härtewert und der Gefügezusammensetzung der Meßstelle I am besten zugeordnet werden kann, ist durch den Härtewert 48 HRc gekennzeichnet. Wie bereits oben erwähnt, stimmt diese Kurve im Gesamtverlauf gut mit der an der Meßstelle I (5 mm unter der Probenoberfläche) gemessenen Abkühlungskurve überein. Der Abkühlungsvorgang an der Meßstelle II sollte nach dem ZTU-Bild zwischen den Kurven der Dilatometerproben mit 46 und 36 HRc liegen, jedoch näher am Kurvenverlauf der Probe mit 36 HRc, d.h., die Temperatur der Rundprobe sollte in 10 mm Tiefe nach etwa 20 s 500° und nach 30 s 400° erreichen. Überträgt man diese beiden Werte in das Schaubild der versuchsmäßig gemessenen Abkühlungskurve (Abb. 8), so stellt sich heraus, daß sie auf dieser Kurve liegen. Die Nachprüfung an den anderen Meßstellen führt zu ähnlichen Ergebnissen. Die Prüfung spricht bei den Meßstellen III und IV weniger empfindlich an, da sowohl die Unterschiede der Härtewerte und Gefügezusammensetzung als auch die Unterschiede des Zeitverlaufs der Abkühlung nach dem Innern abnehmen.

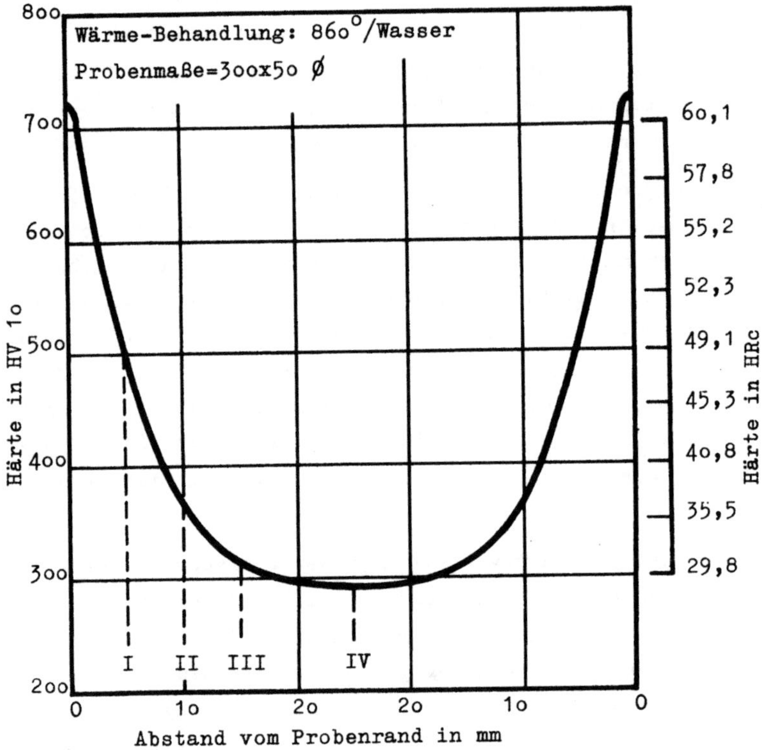

Meßstellen-Nr.		I	II	III	IV
Härte in HRc		49	38	31	29
Gefüge-Anteil in %	Ferrit	2	10	15	25
	Perlit	0	5	20	25
	Zwisch.-St.	20	30	30	20
	Martensit	~78	~55	~35	~30

A b b i l d u n g 11

Härteverlauf und Gefüge in einer 50-mm-Rundprobe des Stahles 37 MnSi 5 bei Wasserabkühlung

In Abbildung 12 sind die Ergebnisse der Härtemessung über den Querschnitt und der Gefügeuntersuchungen an 50 mm-Rundproben nach Öl- und Luftabkühlung dargestellt. Auch für diese Abkühlungsverhältnisse stimmt der Zeit-Temperatur-Verlauf (Abb. 9) mit den Abkühlungsvorgängen von Dilatometerproben bei gleicher Abkühlungsgeschwindigkeit gut überein, und die Zuordnung der Abkühlungskurven auf Grund von Härte und Gefüge ist möglich. Damit ist nachgewiesen, daß

a) zwischen dem Abkühlungsvorgang, d.h. dem Zeit-Temperatur-Verlauf, einer Meßstelle einerseits und der Gefügezusammensetzung und dem Härtewert dieser Meßstelle anderseits ein eindeutiger Zusammenhang besteht und
b) die Abkühlungsvorgänge in zylindrischen Werkstücken in der grundsätzlichen Form des Zeit-Temperatur-Verlaufs mit den Abkühlungskurven der ZTU-Bilder so weit miteinander übereinstimmen, daß die Umwandlungsergebnisse wechselseitig aufeinander bezogen werden können.

Damit wird es möglich, allein aus der Gefüge- und Härteverteilung in einem beliebig geformten Werkstück in Verbindung mit dem kontinuierlichen ZTU-Bild des betreffenden Stahles zu jeder Stelle des Querschnitts den Zeit-Temperatur-Verlauf der Abkühlung zu bestimmen. Auf diese Weise läßt sich verhältnismäßig einfach die Aufgabe der Ermittlung von Abkühlungskurven von Werkstücken mit großen Querschnitten lösen. Eine solche Ermittlung ist bisher weder mathematisch genau noch in guter Näherung angegeben, und die unmittelbare physikalische Messung derartiger Vorgänge erfordert einen erheblichen Aufwand.

Als Beispiel für die Anwendung dieses Verfahrens läßt sich die Abkühlung des Versuchsstückes mit 50 mm Dmr. über den gesamten Querschnitt in Wasser, Öl oder Luft darstellen. Die durchlaufenen Umwandlungspunkte können nach ihrer Zeit-Temperatur-Lage, der umgewandelten Mengen und der Härte abgelesen werden (Abb. 13). Zeichnet man anstelle der schraffierten Bereiche die Abkühlungskurven vom Rand bis zum Kern in Abständen von 5 zu 5 mm auf ein durchsichtiges Blatt, so ist es möglich, dieses als Deckblatt auf die Umwandlungsbilder verschiedener Stahlsorten zu legen und sich den Stahl auszusuchen, der in den fraglichen Querschnittsbereichen die gewünschten Umwandlungen erfährt. Derartige Deckblätter können nicht nur für Rundproben, sondern auch für beliebig geformte Werkstücke ermittelt werden.

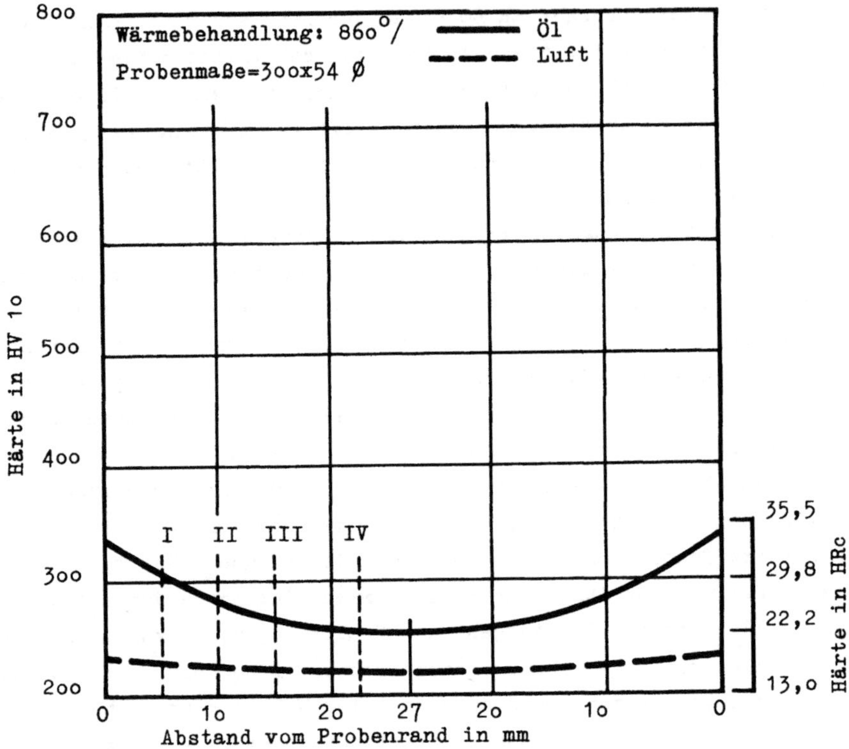

Kühlmittel		Öl			Luft
Meßstellen-Nr.:		I	II	III/IV	I bis IV
Härte in HRc		3o	27	23	~ 17
Gefügeanteil in %	Ferrit	25	25	3o	4o
	Perlit	6o	6o	65	6o
	Zwisch.-St.	5	5	3	0
	Martensit	1o	1o	~ 2	0

A b b i l d u n g 12

Härteverlauf und Gefüge in einer 50-mm-Rundprobe des Stahles 37 MnSi 5 bei Öl- und bei Luftabkühlung

Bez.	% C	% Si	% Mn	% P	% S	% Cr	% V	Erschmelzungsart	Korngröße (ASTM) Mc Quaid - Ehn
B	o,38	1,o5	1,14	o,o41	o,o19	o,23	o,o2	b.S.-M.	4 u. 5

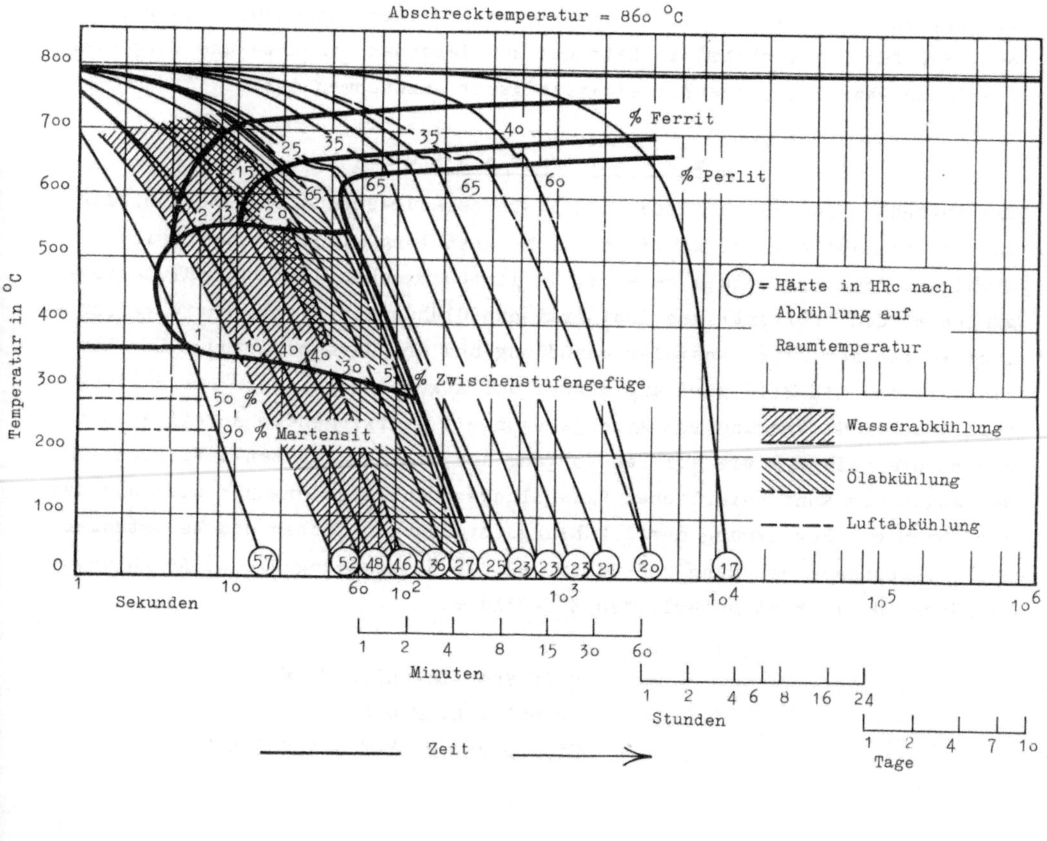

A b b i l d u n g 13

Zeit-Temperatur-Umwandlungs-Schaubild für kontinuierliche Abkühlung des Stahles 37 MnSi 5 mit den Abkühlungsvorgängen in 50-mm-Rundproben bei Wasser-, Öl- und Luftabkühlung

Voraussetzung für die Übertragung der Abkühlungskurven von einer Stahlsorte auf die andere ist annähernd gleiche Wärmeleitfähigkeit der betreffenden Stahlsorten. Aus einer Zusammenstellung von Wärmeleitfähigkeitswerten durch W. RIEMANN[15] ist zwar abzulesen, daß die Wärmeleitfähigkeit im Temperaturbereich von 0 bis 800° sehr unterschiedlich sein kann und auch eine unterschiedliche Temperaturabhängigkeit zeigt; wenn man aber berücksichtigt, daß im Temperaturbereich von 800 bis 500° das Umwandlungsergebnis im wesentlichen bestimmt wird, so kann man aus seiner Zusammenstellung schließen, daß für die zunächst in Betracht zu ziehenden Einsatz- und Vergütungsstähle annähernd gleiche Wärmeleitfähigkeit anzunehmen ist.

Zusammenfassung

Die Anwendung der isothermischen Zeit-Temperatur-Umwandlungs-Schaubilder und der Schaubilder für kontinuierliche Abkühlung wird an einer Reihe grundsätzlicher Beispiele gezeigt. An isothermischen Wärmebehandlungsvorgängen werden erörtert: das isothermische Glühen auf Perlit sowie verschiedene Formen der Zwischenstufenumwandlung und der Warmbadhärtung. Das kontinuierliche ZTU-Bild wird angewendet auf Abkühlungsvorgänge zur Bildung perlitischer Gefüge und von Mischgefügen mit überwiegendem Anteil an Zwischenstufengefüge sowie auf den Vorgang des Abschreckhärtens. Weitere Anwendungen des kontinuierlichen Umwandlungsschaubildes ergeben sich aus dem Verfahren zur Bestimmung der Abkühlungsvorgänge in Proben und Werkstücken aus Gefügezusammensetzung und Härte und der Übertragung dieser Abkühlungsvorgänge in die kontinuierlichen ZTU-Bilder.

Professor Dr.phil. F. W E V E R
Dr.phil. A. R O S E
Dipl.phys. W. S T R A S S B U R G

Verzeichnis der Abbildungen

Literaturverzeichnis

1. TAMMANN, G.: Kristallisieren und Schmelzen. Leipzig 1903
2. KOCH, W.: Stahl und Eisen 72 (1952) S. 1056/63
3. Amer. Inst. Min. Metallurg. Engrs. Techn. Publ. Nr. 348 (1930)
4. ROSE, A.: Härtereitechn. Mitteil. 5 (1950) S. 44/64
5. Atlas of isothermal Transformation diagrams. 2. Auflage, Pittsburgh 1951
6. PAYSON, P.: Iron Age 151 (1953) Nr. 25; 152 (1943) Nr. 1, Nr. 2, Nr. 4
7. PUMPHREY, W.J. und F.W. JONES: J. Iron Steel Inst. 159 (1948) S. 137/44
8. GRANGE, R.A. und J.M. KIEFER: Trans. Amer. Soc. Met. 29 (1941) S. 85/116
9. WEVER, F. und O. KRISEMENT: Arch. Eisenhüttenw. 23 (1952) S. 229/37
10. HOCH, G.: Härtereitechn. Mitteilungen 6 (1951)
11. STRASSBURG, F.W.: Härtereitechn. Mitteilungen 7 (1952)
12. HUMMEL, U.v.: Gießerei, Techn. wissenschaftl. Beihefte, Nr. 5, (1951)
13. NOREN, T.: Stahl und Eisen 72 (1952) S. 347/50
14. NEHL, F. und A. ROSE: Stahl und Eisen demnächst
15. RIEMANN, W.: Stahl und Eisen 73 (1953) S. 721/27

FORSCHUNGSBERICHTE DES WIRTSCHAFTS- UND VERKEHRSMINISTERIUMS NORDRHEIN-WESTFALEN

Herausgegeben von Staatssekretär Prof. Leo Brandt

Heft 1:
Prof. Dr.-Ing. Eugen Flegler, Aachen,
Untersuchungen oxydischer Ferromagnet-Werkstoffe

Heft 2:
Prof. Dr. phil. Walter Fuchs, Aachen,
Untersuchungen über absatzfreie Teeröle

Heft 3:
Techn.-Wissenschaftl. Büro für die Bastfaserindustrie, Bielefeld,
Untersuchungsarbeiten zur Verbesserung des Leinenwebstuhls

Heft 4:
Prof. Dr. E. A. Müller u. Dipl.-Ing. H. Spitzer, Dortmund,
Untersuchungen über die Hitzebelastung in Hüttenbetrieben

Heft 5:
Dipl.-Ing. Werner Fister, Aachen,
Prüfstand der Turbinenuntersuchungen

Heft 6:
Prof. Dr. phil. Walter Fuchs, Aachen,
Untersuchungen über die Zusammensetzung und Verwendbarkeit von Schwelteerfraktionen

Heft 7:
Prof. Dr. phil. Walter Fuchs, Aachen,
Untersuchungen über emsländisches Petrolatum

Heft 8:
Maria Elisabeth Meffert und Heinz Stratmann, Essen
Algen-Großkulturen im Sommer 1951

Heft 9:
Techn.-Wissenschaftl. Büro für die Bastfaserindustrie, Bielefeld,
Untersuchungen über die zweckmäßige Wicklungsart von Leinengarnkreuzspulen unter Berücksichtigung der Anwendung hoher Geschwindigkeiten des Garnes
Vorversuche für Zetteln und Schären von Leinengarnen auf Hochleistungsmaschinen

Heft 10:
Prof. Dr. Wilhelm Vogel, Köln,
„Das Streifenpaar" als neues System zur mechanischen Vergrößerung kleiner Verschiebungen und seine technischen Anwendungsmöglichkeiten

Heft 11:
Laboratorium für Werkzeugmaschinen und Betriebslehre, Technische Hochschule Aachen,
1. Untersuchungen über Metallbearbeitung im Fräsvorgang mit Hartmetallwerkzeugen und negativem Spanwinkel
2. Weiterentwicklung des Schleifverfahrens für die Herstellung von Präzisionswerkstücken unter Vermeidung hoher Temperaturen
3. Untersuchung von Oberflächenveredlungsverfahren zur Steigerung der Belastbarkeit hochbeanspruchter Bauteile

Heft 12:
Elektrowärme-Institut, Langenberg (Rhld.),
Induktive Erwärmung mit Netzfrequenz

Heft 13:
Techn.-Wissenschaftl. Büro für die Bastfaserindustrie, Bielefeld,
Das Naßspinnen von Bastfasergarnen mit chemischen Zusätzen zum Spinnbad

Heft 14:
Forschungsstelle für Acetylen, Dortmund,
Untersuchungen über Aceton als Lösungsmittel für Acetylen

Heft 15:
Wäschereiforschung Krefeld,
Trocknen von Wäschestoffen

Heft 16:
Max-Planck-Institut für Kohlenforschung, Mülheim a. d. Ruhr,
Arbeiten des MPI für Kohlenforschung

Heft 17:
Ingenieurbüro Herbert Stein, M. Gladbach,
Untersuchung der Verzugsvorgänge in den Streckwerken verschiedener Spinnereimaschinen. 1. Bericht: Vergleichende Prüfung mit verschiedenen Dickenmeßgeräten

Heft 18:
Wäschereiforschung Krefeld,
Grundlagen zur Erfassung der chemischen Schädigung beim Waschen

Heft 19:
Techn.-Wissenschaftl. Büro für die Bastfaserindustrie, Bielefeld,
Die Auswirkung des Schlichtens von Leinengarnketten auf den Verarbeitungswirkungsgrad, sowie die Festigkeits- und Dehnungsverhältnisse der Garne und Gewebe

Heft 20:
Techn.-Wissenschaftl. Büro für die Bastfaserindustrie, Bielefeld,
Trocknung von Leinengarnen I
Vorgang und Einwirkung auf die Garnqualität

Heft 21:
Techn.-Wissenschaftl. Büro für die Bastfaserindustrie, Bielefeld,
Trocknung von Leinengarnen II
Spulenanordnung und Luftführung beim Trocknen von Kreuzspulen

Heft 22:
Techn.-Wissenschaftl. Büro für die Bastfaserindustrie, Bielefeld,
Die Reparaturanfälligkeit von Webstühlen

Heft 23:
Institut für Starkstromtechnik, Aachen,
Rechnerische und experimentelle Untersuchungen zur Kenntnis der Metadyne als Umformer von konstanter Spannung auf konstanten Strom

Heft 24:
Institut für Starkstromtechnik, Aachen,
Vergleich verschiedener Generator-Metadyne-Schaltungen in bezug auf statisches Verhalten

Heft 25:
Gesellschaft für Kohlentechnik mbH., Dortmund-Eving,
Struktur der Steinkohlen und Steinkohlen-Kokse

Heft 26:
Techn.-Wissenschaftl. Büro für die Bastfaserindustrie, Bielefeld,
Vergleichende Untersuchungen zweier neuzeitlicher Ungleichmäßigkeitsprüfer für Bänder und Garne hinsichtlich Ihrer Eignung für die Bastfaserspinnerei

Heft 27:
Prof. Dr. E. Schratz, Münster,
Untersuchungen zur Rentabilität des Arzneipflanzenanbaues
Römische Kamille, Anthemis nobilis L.

Heft: 28:
Prof. Dr. E. Schratz, Münster,
Calendula officinalis L.
Studien zur Ernährung, Blütenfüllung und Rentabilität der Drogengewinnung

Heft 29:
Techn.-Wissenschaftl. Büro für die Bastfaserindustrie, Bielefeld,
Die Ausnützung der Leinengarne in Geweben

Heft 30:
Gesellschaft für Kohlentechnik mbH., Dortmund-Eving,
Kombinierte Entaschung und Verschwelung von Steinkohle; Aufarbeitung von Steinkohlenschlämmen zu verkokbarer oder verschwelbarer Kohle

Heft 31:
Dipl.-Ing. Störmann, Essen,
Messung des Leistungsbedarfs von Doppelsteg-Kettenförderern

Heft 32:
Techn.-Wissenschaftl. Büro für die Bastfaserindustrie, Bielefeld,
Der Einfluß der Natriumchloridbleiche auf Qualität und Verwebbarkeit von Leinengarnen und die Eigenschaften der Leinengewebe unter besonderer Berücksichtigung des Einsatzes von Schützen- und Spulenwechselautomaten in der Leinenweberei

Heft 33:
Kohlenstoffbiologische Forschungsstation e. V.,
Eine Methode zur Bestimmung von Schwefeldioxyd und Schwefelwasserstoff in Rauchgasen und in der Atmosphäre

Heft 34:
Textilforschungsanstalt Krefeld,
Quellungs- und Entquellungsvorgänge bei Faserstoffen

Heft 35:
Professor Dr. Wilhelm Kast, Krefeld,
Feinstrukturuntersuchungen an künstlichen Zellulosefasern verschiedener Herstellungsverfahren

Heft 36:
Forschungsinstitut der feuerfesten Industrie, Bonn,
Untersuchungen über die Trocknung von Rohton. Untersuchungen über die chemische Reinigung von Silika- und Schamotte-Rohstoffen mit chlorhaltigen Gasen

Heft 37:
Forschungsinstitut der feuerfesten Industrie, Bonn,
Untersuchungen über den Einfluß der Probenvorbereitung auf die Kaltdruckfestigkeit feuerfester Steine

Heft 38:
Forschungsstelle für Acetylen, Dortmund,
Untersuchungen über die Trocknung von Acetylen zur Herstellung von Dissousgas

Heft 39:
Forschungsgesellschaft Blechverarbeitung e. V., Düsseldorf,
Untersuchungen an prägegemusterten und vorgelochten Blechen

Heft 40:
Landesgeologe Dr.-Ing. W. Wolff, Amt für Bodenforschung, Krefeld,
Untersuchungen über die Anwendbarkeit geophysikalischer Verfahren zur Untersuchung von Spateisengängen im Siegerland

Heft 41:
Techn.-Wissenschaftl. Büro für die Bastfaserindustrie, Bielefeld,
Untersuchungsarbeiten zur Verbesserung des Leinenwebstuhles II

Heft 42:
Professor Dr. Burckhardt Helferich, Bonn,
Untersuchungen über Wirkstoffe — Fermente — in der Kartoffel und die Möglichkeit ihrer Verwendung

Heft 43:
Forschungsgesellschaft Blechverarbeitung e. V., Düsseldorf,
Forschungsergebnisse über das Beizen von Blechen

Heft 44:
Arbeitsgemeinschaft für praktische Dehnungsmessung, Düsseldorf,
Eigenschaften und Anwendungen von Dehnungsmeßstreifen

Heft 45:
Losenhausenwerk Düsseldorfer Maschinenbau AG., Düsseldorf,
Untersuchungen von störenden Einflüssen auf die Lastgrenzenanzeige von Dauerschwingprüfmaschinen

Heft 46:
Professor Dr. phil. W. Fuchs, Aachen,
Untersuchungen über die Aufbereitung von Wasser für die Dampferzeugung in Benson-Kesseln

Heft 47:
Prof. Dr.-Ing. habil. Karl Krekeler, Aachen,
Versuche über die Anwendung der induktiven Erwärmung zum Sintern von hochschmelzenden Metallen sowie zur Anlegierung und Vergütung von aufgespritzten Metallschichten mit dem Grundwerkstoff.

Heft 48:
Max-Planck-Institut für Eisenforschung, Düsseldorf,
Spektrochemische Analyse der Gefügebestandteile in Stählen nach ihrer Isolierung

Heft 49:
Max-Planck-Institut für Eisenforschung, Düsseldorf,
Untersuchungen über Ablauf der Desoxydation und die Bildung von Einschlüssen in Stählen

Heft 50:
Max-Planck-Institut für Eisenforschung, Düsseldorf,
Flammenspektralanalytische Untersuchung der Ferritzusammensetzung in Stählen

Heft 51:
Verein zur Förderung von Forschungs- und Entwicklungsarbeiten in der Werkzeugindustrie e. V.,
Remscheid,
Untersuchungen an Kreissägeblättern für Holz, Fehler- und Spannungsprüfverfahren

Heft 52:
Forschungsstelle für Azetylen, Dortmund,
Untersuchungen über den Umsatz bei der explosiblen Zersetzung von Azetylen
a) Zersetzung von gasförmigem Azetylen,
b) Zersetzung von an Silikagel adsorbiertem Azetylen

Heft 53:
Professor Dr.-Ing. H. Opitz, Aachen,
Reibwert- und Verschleißmessungen an Kunststoffgleitführungen für Werkzeugmaschinen

Heft 54:
Professor Dr.-Ing. habil. F. A. F. Schmidt, Aachen,
Schaffung von Grundlagen für die Erhöhung der spez. Leistung und Herabsetzung des spez. Brennstoffverbrauches bei Ottomotoren mit Teilbericht über Arbeiten an einem neuen Einspritzverfahren

Heft 55:
Forschungsgesellschaft Blechverarbeitung,
Düsseldorf,
Chemisches Glänzen von Messing und Neusilber

Heft 56:
Forschungsgesellschaft Blechverarbeitung,
Düsseldorf,
Untersuchungen über einige Probleme der Behandlung von Blechoberflächen

Heft 57:
Prof. Dr.-Ing. habil. F. A. F. Schmidt, Aachen,
Untersuchungen zur Erforschung des Einflusses des chemischen Aufbaues des Kraftstoffes auf sein Verhalten im Motor und in Brennkammern von Gasturbinen.

Heft 58:
Gesellschaft für Kohlentechnik m. b. H., Dortmund,
Herstellung und Untersuchung von Steinkohlenschwelteer.

Heft 59:
Forschungsinstitut der Feuerfest-Industrie, Bonn,
Ein Schnellanalysenverfahren zur Bestimmung von Aluminiumoxyd, Eisenoxyd und Titanoxyd in feuerfestem Material mittels organischer Farbreagenzien auf photometrischem Wege
Untersuchungen des Alkali-Gehaltes feuerfester Stoffe mit dem Flammenphotometer nach Riehm-Lange

Heft 60:
Forschungsgesellschaft Blechverarbeitung e. V.,
Düsseldorf,
Untersuchungen über das Spritzlackieren im elektrostatischen Hochspannungsfeld

Heff 61:
Verein zur Förderung von Forschungs- und Entwicklungsarbeiten in der Werkzeugindustrie e. V.,
Remscheid,
Schwingungs- und Arbeitsverhalten von Kreissägeblättern für Holz

Heft 62:
Professor Dr. W. Franz, Institut für theoretische Physik der Universität Münster,
Berechnung des elektrischen Durchschlags durch feste und flüssige Isolatoren

Heft 63:
Textilforschungsanstalt Krefeld,
Neue Methoden zur Untersuchung der Wirkungsweise von Textilhilfsmitteln
Untersuchungen über Schlichtungs- und Entschlichtungsvorgänge

Heft 64:
Textilforschungsanstalt Krefeld,
Die Kettenlängenverteilung von hochpolymeren Faserstoffen
Über die fraktionierte Fällung von Polyamiden

Heft 65:
Fachverband Schneidwarenindustrie, Solingen
Untersuchungen über das elektrolytische Polieren von Tafelmesserklingen aus rostfreiem Stahl

Heft 66:
Dr.-Ing. Peter Füsgen VDI †, Düsseldorf
Untersuchungen über das Auftreten des Ratterns bei selbsthemmenden Schneckengetrieben und seine Verhütung

Heft 67:
Heinrich Wösthoff o. H. G., Apparatebau, Bochum,
Entwicklung einer chemisch-physikalischen Apparatur zur Bestimmung kleinster Kohlenoxyd-Konzentrationen

Heft 68:
Kohlenstoffbiologische Forschungsstation e. V., Essen
Algengroßkulturen im Sommer 1952
II. Über die unsterile Großkultur von Scenedesmus obliquus

Heft 69:
Wäschereiforschung Krefeld
Bestimmung des Faserabbaues bei Leinen unter besonderer Berücksichtigung der Leinengarnbleiche

Heft 70:
Wäschereiforschung Krefeld
Trocknen von Wäschestoffen

Heft 71:
Prof. Dr.-Ing. K. Leist, Aachen
Kleingasturbinen, insbesondere zum Fahrzeugantrieb

Heft 72:
Prof. Dr.-Ing. K. Leist, Aachen
Beitrag zur Untersuchung von stehenden geraden Turbinengittern mit Hilfe von Druckverteilungsmessungen

Heft 73:
Prof. Dr.-Ing. K. Leist, Aachen
Spannungsoptische Untersuchungen von Turbinenschaufelfüßen

Heft 74:
Max-Planck-Institut für Eisenforschung, Düsseldorf
Versuche zur Klärung des Umwandlungsverhaltens eines sonderkarbidbildenden Chromstahls

Heft 75:
Max-Planck-Institut für Eisenforschung, Düsseldorf
Zeit-Temperatur-Umwandlungs-Schaubilder als Grundlage der Wärmebehandlung der Stähle

Heft 76:
Max-Planck-Institut für Arbeitsphysiologie, Dortmund
Arbeitstechnische und arbeitsphysiologische Rationalisierung von Mauersteinen

Heft 77:
Meteor Apparatebau Paul Schmeck G. m. b. H., Siegen
Entwicklung von Leuchtstoffröhren hoher Leistung

VERÖFFENTLICHUNGEN
DER ARBEITSGEMEINSCHAFT FÜR FORSCHUNG
DES LANDES NORDRHEIN-WESTFALEN

Im Auftrage des Ministerpräsidenten Karl Arnold

Herausgegeben von Staatssekretär Prof. Leo Brandt

Heft 1:
Prof. Dr.-Ing. Friedrich Seewald, Technische Hochschule Aachen,
Neue Entwicklungen auf dem Gebiete der Antriebsmaschinen
Prof. Dr.-Ing. Friedrich A. F. Schmidt, Technische Hochschule Aachen,
Technischer Stand und Zukunftsaussichten der Verbrennungsmaschinen, insbesondere der Gasturbinen
Dr.-Ing. R. Friedrich, Siemens-Schuckert-Werke A.-G., Mülheimer Werk,
Möglichkeiten und Voraussetzungen der industriellen Verwertung der Gasturbine

Heft 2:
Prof. Dr.-Ing. Wolfgang Riezler, Universität Bonn,
Probleme der Kernphysik
Prof. Dr. phil. Fritz Micheel, Universität Münster,
Isotope als Forschungsmittel in der Chemie und Biochemie

Heft 3:
Prof. Dr. med. Emil Lehnartz, Universität Münster,
Der Chemismus der Muskelmaschine
Prof. Dr. med. Gunther Lehmann, Direktor des Max-Planck-Instituts für Arbeitsphysiologie, Dortmund,
Physiologische Forschung als Voraussetzung der Bestgestaltung der menschlichen Arbeit
Prof. Dr. Heinrich Kraut, Max-Planck-Institut für Arbeitsphysiologie, Dortmund,
Ernährung und Leistungsfähigkeit

Heft 4:
Prof. Dr. Franz Wever, Max-Planck-Institut für Eisenforschung, Düsseldorf,
Aufgaben der Eisenforschung
Prof. Dr.-Ing. Hermann Schenck, Technische Hochschule Aachen,
Entwicklungslinien des deutschen Eisenhüttenwesens
Prof. Dr.-Ing. Max Haas, Techn. Hochschule Aachen,
Wirtschaftliche und technische Bedeutung der Leichtmetalle und ihre Entwicklungsmöglichkeiten

Heft 5:
Prof. Dr. med. Walter Kikuth, Medizinische Akademie Düsseldorf,
Virusforschung
Prof. Dr. Rolf Danneel, Universität Bonn,
Fortschritte der Krebsforschung
Prof. Dr. med. Dr. phil. W. Schulemann, Univ. Bonn,
Wirtschaftliche und organisatorische Gesichtspunkte für die Verbesserung unserer Hochschulforschung

Heft 6:
Prof. Dr. Walter Weizel, Institut für theoretische Physik, Bonn,
Die gegenwärtige Situation der Grundlagenforschung in der Physik
Prof. Dr. Siegfried Strugger, Universität Münster,
Das Duplikantenproblem in der Biologie
Prof. Dr. Rolf Danneel, Universität Bonn,
Über das Verhalten der Mitochondrien bei der Mitose der Mesenchymzellen des Hühner-Embryos
Direktor Dr. Fritz Gummert, Ruhrgas A.-G., Essen,
Überlegungen zu den Faktoren Raum und Zeit im biologischen Geschehen und Möglichkeiten einer Nutzanwendung

Heft 7:
Prof. Dr.-Ing. August Götte, Technische Hochschule Aachen,
Steinkohle als Rohstoff und Energiequelle
Prof. Dr. e. h. Karl Ziegler, Max-Planck-Institut für Kohlenforschung Mülheim a. d. Ruhr,
Über Arbeiten des Max-Planck-Instituts für Kohlenforschung

Heft 8:
Prof. Dr.-Ing. Wilhelm Fucks, Technische Hochschule Aachen,
Die Naturwissenschaft, die Technik und der Mensch
Prof. Dr. sc. pol. Walther Hoffmann, Universität Münster,
Wirtschaftliche und soziologische Probleme des technischen Fortschritts

Heft 9:
Prof. Dr.-Ing. Franz Bollenrath, Technische Hochschule Aachen,
Zur Entwicklung warmfester Werkstoffe
Dr. Heinrich Kaiser, Staatl. Materialprüfungsamt Dortmund,
Stand spektralanalytischer Prüfverfahren und Folgerung für deutsche Verhältnisse

Heft 10:
Prof. Dr. Hans Braun, Universität Bonn,
Möglichkeiten und Grenzen der Resistenzzüchtung
Prof. Dr.-Ing. Carl Heinrich Dencker, Universität Bonn,
Der Weg der Landwirtschaft von der Energieautarkie zur Fremdenergie

Heft 11:
Prof. Dr.-Ing. Herwart Opitz, Technische Hochschule Aachen,
Entwicklungslinien der Fertigungstechnik in der Metallbearbeitung
Prof. Dr.-Ing. Karl Krekeler, Technische Hochschule Aachen,
Stand und Aussichten der schweißtechnischen Fertigungsverfahren

Heft: 12
Dr. Hermann Rathert, Mitglied des Vorstandes der Vereinigten Glanzstoff-Fabriken A.-G., Wuppertal-Elberfeld,
Entwicklung auf dem Gebiet der Chemiefaser-Herstellung
Prof. Dr. Wilhelm Weltzien, Direktor der Textilforschungsanstalt Krefeld,
Rohstoff und Veredlung in der Textilwirtschaft

Heft: 13
Dr.-Ing. e. h. Karl Herz, Chefingenieur im Bundesministerium für das Post- und Fernmeldewesen Frankfurt a. Main,
Die technischen Entwicklungstendenzen im elektrischen Nachrichtenwesen
Ministerialdirektor Dipl.-Ing. Leo Brandt, Düsseldorf,
Navigation und Luftsicherung

Heft 14:
Prof. Dr. Burckhardt Helferich, Universität Bonn,
Stand der Enzymchemie und ihre Bedeutung
Prof. Dr. med. Hugo W. Knipping, Direktor der Med. Universitätsklinik Köln,
Ausschnitt aus der klinischen Carcinomforschung am Beispiel des Lungenkrebses

Heft 15:
Prof. Dr. Abraham Esau, Technische Hochschule Aachen,
Die Bedeutung von Wellenimpulsverfahren in Technik und Natur
Prof. Dr.-Ing. Eugen Flegler, Technische Hochschule Aachen,
Die ferromagnetischen Werkstoffe in der Elektrotechnik und ihre neueste Entwicklung

Heft 16:
Prof. Dr. rer. pol. Rudolf Seyffert, Universität Köln,
Die Problematik der Distribution
Prof. Dr. rer. pol. Theodor Beste, Universität Köln,
Der Leistungslohn

Heft 17:
Prof. Dr.-Ing. Friedrich Seewald, Technische Hochschule Aachen,
Die Flugtechnik und ihre Bedeutung für den allgemeinen technischen Fortschritt
Prof. Dr.-Ing. Edouard Houdremont, Essen,
Art und Organisation der Forschung in einem Industriekonzern

Heft 18:
Prof. Dr. med. Dr. phil. W. Schulemann, Universität Bonn,
Theorie und Praxis pharmakologischer Forschung
Prof. Dr. Wilhelm Groth, Direktor des Physikalisch-Chemischen Instituts, Universität Bonn,
Technische Verfahren zur Isotopentrennung

Heft 19:
Dipl.-Ing. Kurt Traenckner, Stellvertr. Vorstandsmitglied der Ruhrgas-A.G., Essen,
Entwicklungstendenzen der Gaserzeugung

Heft 21:
Prof. Dr. phil. Robert Schwarz, Aachen,
Wesen und Bedeutung der Silicium-Chemie
Prof. Dr. Kurt Alder, Universität Köln,
Fortschritte in der Synthese von Kohlenstoffverbindungen

Heft 21 a
Jahresfeier der Arbeitsgemeinschaft für Forschung des Landes Nordrhein-Westfalen am 21. 5. 1952 in Düsseldorf mit Ansprachen des Herrn Bundespräsidenten Professor Dr. Theodor Heuss, des Herrn Ministerpräsidenten Arnold, Frau Kultusminister Teusch, der Herren Professor Dr. Hahn, Professor Dr. Strugger, Vizepräsident Dobbert, Professor Dr. Richter, Professor Dr. Fucks.

Heft 22:
Prof. Dr. Johannes von Allesch, Universität Göttingen,
Die Bedeutung der Psychologie im öffentlichen Leben
Prof. Dr. med. Otto Graf, Max-Planck-Institut für Arbeitsphysiologie, Dortmund,
Triebfedern menschlicher Leistung

Heft 23:
Prof. Dr. phil. Dr. jur. h. c. Bruno Kuske, Universität Köln,
Probleme der Raumforschung
Prof. Dr. Dr.-Ing. e. h. Prager,
Städtebau und Landesplanung

Heft 23 a:
M. Zvegintzov, Wissenschaftliche Forschung und die Auswertung ihrer Ergebnisse. Ziel und Tätigkeit der National Research Development Corporation
Dr. Alexander King, Department of Scientific & Industrial Research, London,
Wissenschaft und internationale Beziehungen

Heft 24:
Prof. Dr. Rolf Danneel, Universität Bonn,
Über die Wirkungsweise der Erbfaktoren
Prof. Dr. K. Herzog, Medizinische Akademie Düsseldorf,
Bewegungsbedarf der menschlichen Gliedmaßengelenke bei der Berufsarbeit

Heft 25:
Prof. Dr. O. Haxel, Heidelberg,
Energiegewinnung aus Kernprozessen
Dr. Dr. Max Wolf, Düsseldorf,
Gegenwartsprobleme der energiewirtschaftlichen Forschung

Heft 26:
Prof. Dr. Friedrich Becker, Universität Bonn,
Ultrakurzwellen aus dem Weltraum, ein neues Forschungsgebiet der Astronomie
Dozent Dr. H. Straßl, Bonn,
Bemerkenswerte Doppelsterne und das Problem der Sternentwicklung

Heft 27:
Prof. Dr. Heinrich Behnke, Universität Münster,
Der Strukturwandel der Mathematik in der ersten Hälfte des 20. Jahrhunderts
Prof. Dr. E. Sperner, Bonn,
Eine mathematische Analyse der Luftdruckverteilungen in großen Gebieten

Heft 28:
Prof. Dr. O. Niemczyk, Aachen,
Die Problematik gebirgsmechanischer Vorgänge im Steinkohlenbergbau
Prof. Dr. W. Ahrens, Krefeld,
Die Bedeutung geologischer Forschung für die Wirtschaft, besonders in Nordrhein-Westfalen

Heft 29:
Prof. Dr. B. Rensch, Münster,
Das Problem der Residuen bei Lernleistungen
Prof. Dr. H. Fink, Köln,
Über Leberschäden bei der Bestimmung des biologischen Wertes verschiedener Eiweiße von Mikroorganismen

Heft 30:
Prof. Dr.-Ing. F. Seewald, Aachen,
Forschungen auf dem Gebiete der Aerodynamik
Prof. Dr.-Ing. K. Leist, Aachen,
Forschungen in der Gasturbinentechnik

Heft 31:
Direktor Dr. F. Mietzsch, Wuppertal,
Chemie und wirtschaftliche Bedeutung der Sulfonamide
Prof. Dr. G. Domagk, Wuppertal,
Die experimentellen Grundlagen der Chemotherapie der bakteriellen Infektionen

Heft 32:
Prof. Dr. Hans Braun, Universität Bonn,
Die Verschleppung von Pflanzenkrankheiten und -schädlingen über die Welt
Prof. Dr. Wilhelm Rudorf, Max-Planck-Institut für Züchtungsforschung, Voldagsen,
Der Beitrag von Genetik und Züchtung zur Bekämpfung von Viruskrankheiten der Nutzpflanzen

Heft 33:
Prof. Dr.-Ing. V. Aschoff, Aachen,
Probleme der elektroakustischen Einkanalübertragung
Prof. Dr.-Ing. H. Döring, Aachen,
Erzeugung und Verstärkung von Mikrowellen

Heft 34:
Geheimrat Prof. Dr. Rudolf Schenck, Aachen,
Bedingungen und Gang der Kohlenhydratsynthese im Licht
Prof. Dr. Emil Lehnartz, Universität Münster,
Die Endstufen des Stoffabbaus im Organismus

Heft 35:
Prof. Dr.-Ing. H. Schenk, Aachen,
Gegenwartsprobleme der Eisenindustrie in Deutschland
Prof. Dr.-Ing. E. Piwowarsky, Aachen,
Gelöste und ungelöste Probleme des Gießereiwesens

Geisteswissenschaften

Heft 1:
Prof. Dr. W. Richter, Bonn,
Die Bedeutung der Geisteswissenschaften für die Bildung unserer Zeit
Prof. Dr. J. Ritter, Münster,
Die aristotelische Lehre vom Ursprung und Sinn der Theorie

Heft 2:
Prof. Dr. J. Kroll, Köln,
Elysium
Prof. Dr. G. Jachmann, Köln,
Die vierte Ekloge Vergils

Heft 3:
Prof. Dr. H. E. Stier, Münster,
Die klassische Demokratie

Heft 4:
Prof. Dr. W. Caskel, Köln,
Lihjan und Lihjanisch. Sprache und Kultur eines früharabischen Königreiches

Heft 5:
Prof. Dr. Th. Ohm, Münster,
Stammesreligionen im südlichen Tanganyika-Territorium. — Religionswissenschaftliche Ergebnisse meiner Ostafrikareise 1951

Heft 6:
Prälat Prof. Dr. G. Schreiber, Münster,
Deutsche Wissenschaftspolitik von Bismarck bis zum Atomphysiker Otto Hahn

Heft 7:
Prof. Dr. W. Holtzmann, Bonn,
Das mittelalterliche Imperium und die werdenden Nationen

Heft 8:
Prof. Dr. W. Caskel, Köln,
Die Bedeutung der Beduinen in der Geschichte der Araber

Heft 9:
Prälat Prof. Dr. G. Schreiber, Münster,
Iroschottische und angelsächsische Kultureinflüsse im Mittelalter

Heft 10:
Prof. Dr. P. Rassow, Köln,
Forschungen zur Reichsidee im 16. und 17. Jahrhundert

Heft 11:
Prof. Dr. H. E. Stier, Münster,
Roms Aufstieg zur Weltherrschaft

Heft 12:
Prof. Dr. D. K. H. Rengstorf, Münster,
Zum Problem der Gleichberechtigung zwischen Mann und Frau auf dem Boden des Urchristentums
Prof. Dr. H. Conrad, Bonn,
Grundprobleme einer Reform des Familienrechts

Heft 13:
Professor Dr. Max Braubach, Bonn,
Der Weg zum 20. Juli 1944 — Ein Forschungsbericht

Heft 14:
Prof. Dr. Paul Hübinger, Münster
Das deutsch-französische Verhältnis und seine mittelalterlichen Grundlagen

Heft 15:
Prof. Dr. Franz Steinbach, Bonn,
Der geschichtliche Weg des wirtschaftenden Menschen in die soziale Freiheit und politische Verantwortung

Heft 16:
Prof. Dr. Josef Koch, Köln,
Die Ars coniecturalis des Nikolaus von Cues

Heft 17:
Dr. James B. Conant,
U.S.-Hochkommissar für Deutschland,
Staatsbürger und Wissenschaftler
Prof. Dr. D. Karl Heinrich Rengstorf, Münster,
Antike und Christentum

Heft 18:
Prof. Dr. Richard Alewyn, Köln,
Klopstocks Publikum

Heft 19:
Prof. Dr. Fritz Schalk, Köln,
Das Lächerliche in der französischen Literatur des Ancien Régime

Heft 20:
Prof. Dr. Ludwig Raiser, Bad Godesberg,
Präsident der Deutschen Forschungsgemeinschaft
Rechtsfragen der Mitbestimmung

Heft 21:
Prof. D. Martin Noth, Bonn,
Das Geschichtsverständnis der alttestamentlichen Apokalyptik
Prof. Dr.-Ing. Wilhelm Fucks, Aachen
Einige Probleme aus der Theorie des Sprechens, der Sprachen und des Sprechstils in mathematischer Behandlung